Lexique de termes techniques

Lexicon of technical terms

Maquette de la couverture : Jacques Léveillé.

ISBN 0-7761-9052-0

Dépôt légal — Bibliothèque nationale du Québec
4e trimestre 1976

Lexique de termes techniques

Lexicon of technical terms

un lexique anglais-français

Ray J. Pollet

suivi d'un index alphanumérique
de tous les termes français utilisés

LEMÉAC

de Ray J. POLLET, b.a., ll.d.

autres lexiques bilingues
other bilingual lexicons

1970: LA PHOTOGRAPHIE D'AMATEUR (appareils & accessoires)
Amateur Photography (Still Cameras & Accessories)

1972: LE CINÉMA D'AMATEUR (appareils & accessoires)
Amateur Movie Making (Cameras & Accessories)

PRÉFACE

Avec une constance digne de tous les éloges, M. Ray Pollet poursuit son travail exigeant de lexicographe.

Après la publication de ses deux premiers ouvrages, Lexique de la photographie d'amateur *et* Lexique du cinéma d'amateur, *dont la rigueur a été reconnue non seulement par un grand nombre d'adeptes de telles activités, mais aussi par de nombreux terminologues, l'auteur offre maintenant au public un* Lexique de termes techniques.

L'ouvrage comporte plus de 1600 rubriques. Sans le céder aux précédents en qualité, il n'offre pas toutefois la définition des termes ; l'auteur a pris ce parti parce qu'il voulait s'adresser au grand public plutôt qu'aux seuls spécialistes. Dans cette optique, il importait de conserver à ce lexique un nombre de pages raisonnable de façon à en faciliter la diffusion. On y trouve cependant pour chaque entrée des codes indiquant le ou les domaines d'application.

Le Lexique de termes techniques *a exigé des recherches encore plus poussées et un effort dont je fus le témoin presque quotidien pour en arriver à une mise à jour la plus exhaustive possible, dans un domaine où peut-être plus que dans tout autre les développements de la technique apportent un flot constant de phénomènes et d'appareils nouveaux, qu'il faut nommer.*

C'est ainsi que vous trouverez dans le présent ouvrage des termes comme le stroboflash, le strobotrucage, la photographie kirlienne, l'hélifilmage, la téléradiologie, le vidéodisque et des centaines d'autres se rapportant au cinéma, à la photographie, au développement des films, au montage, à la projection, à la radio, à la télévision, à la radiographie médicale et industrielle, au microfilm et à des domaines techniques connexes.

Ce travail considérable et qui cerne le plus possible la terminologie technique actuelle en français et en anglais devrait connaître une large diffusion et ainsi rendre aux usagers des services nouveaux. L'auteur pourra s'en réjouir, il le mérite bien.

Fernand GUÉRARD

Chef du Service de linguistique et de traduction de la Division des services français de Radio-Canada

FOREWORD

With most commendable diligence, Mr. Ray Pollet pursues his exacting lexicographic endeavors.

Following the publication of his first two works, the Amateur Photography Lexicon *and the* Amateur Movie Making Lexicon *— the accuracy of which has been acknowledged not only by a great number of photo and cinema enthusiasts, but also by many terminologists — the author now offers the public a* Lexicon of Technical Terms.

This volume comprises over 1600 listings. Although of the same quality as the preceding works, this lexicon does not define terms; the author so decided because he wished to reach the widest public possible rather than a limited number of specialists. This being the case, it was deemed advisable to keep the lexicon within a reasonable number of pages in order to facilitate a greater distribution. However, each listing is followed by symbols identifying the relevant fields of application.

This Lexicon of Technical Terms *has demanded even deeper research and an effort I was able to witness almost daily, to reach maximal exactness in a domain where, perhaps more than in any other, technical developments bring along a constant flux of new phenomena and equipment which one must name.*

For instance, the present lexicon lists words such as stroboflash, stroboscopic effects, kirlean photography, helifilming, teleradiology, videodisc, as well as hundreds of others concerning movie making, photography, film development and editing, projection, radio, television, medical and industrial radiography, microfilm and many related technical fields.

This considerable project, which clarifies in the best possible manner the current French and English technical terminology, should receive a vast distribution and thus render new services to users. It certainly will be a source of satisfaction to the author, something he fully deserves.

Fernand GUÉRARD

Head of the Linguistics
and Translation Department,
CBC French Services Division

INTRODUCTION GÉNÉRALE

Après le lexique bilingue de la photographie d'amateur et celui du petit cinéma, voici un autre ouvrage d'une présentation légèrement différente.

Il s'agit d'un lexique technique anglais-français, dont les termes sont suivis de symboles indiquant les domaines auxquels ils appartiennent, et qui comprend aussi un index alphanumérique de tous les termes français ainsi qu'une bibliographie. En fait, le travail constitue un recueil de vulgarisation, un petit vademecum de termes techniques utiles; c'est aussi un lexique «intermédiaire», une sorte de trait d'union entre mes deux ouvrages précédents et ceux projetés comme, par exemple, celui qui traitera de la télévision et de la magnétoscopie.

Comme toujours, j'ai été magnifiquement secondé dans mes efforts et j'aimerais remercier d'abord d'une manière générale tous ceux qui, directement ou indirectement, ont contribué dans une mesure quelconque à la matérialisation du projet. Parmi mes collègues de la société Radio-Canada à Montréal, je désire mentionner en particulier M. Fernand Guérard, Chef du Service de linguistique et de traduction, dont l'appui constant me fut des plus précieux; M. Jean-Marie Laurence, Conseiller linguistique et grammairien, que j'ai pu consulter à loisir; M. Jean-Louis Huard, ancien Chef des Services techniques (TV), qui m'a fourni des commentaires fort appréciés; M. Denis Gamache, Chef adjoint du Service du film, qui ne m'a jamais refusé son assistance compétente; M. Claude Hébert, du Service cinéma-téléfilm, dont certains travaux de défrichage technique sont à la base même du présent ouvrage.

J'ai tenu à réserver une place spéciale aux deux membres de mon Comité de lecture réduit: M. Robert Dubuc, Chef adjoint du Service de linguistique et de traduction, et M. Albert Chevalier, Chef du Service du film. Je suis à la fois heureux et fier d'entretenir avec eux des relations amicales et professionnelles depuis de nombreuses années. Les services qu'ils m'ont rendus au cours de ma carrière lexicographique sont inestimables. Leur appui linguistique et technique a grandement facilité la mise au point de mon lexique.

En terminant, je désire rendre un hommage mérité à ma femme Gwendolyn pour l'aide dévouée qu'elle m'a donnée tout au long de mon ouvrage. Comme pour mes livres précédents, sans elle le travail souvent ingrat de vérification sémantique et orthographique de centaines de termes techniques, ainsi que la mise en ordre alphanumérique et la dactylographie de la version définitive du lexique, n'auraient guère été possibles.

Ray J. POLLET, b.a., ll.d.

GENERAL PRESENTATION

Continuing in my lexicon series on Amateur Photography and Amateur Movie Making, here is a third book with a slightly different presentation.

It is an English-French technical lexicon in which terms are followed by symbols identifying relevant fields, and also comprising an alphanumerical index of all French terms as well as a basic bibliography. In fact, this book is a simple reference collection, a vade mecum of useful technical terms; it is also an "intermediate" lexicon, a hyphenization between my two already-published works and those in preparation, such as one dealing with television and videotape recording.

As usual, I have been generously seconded in my efforts, and I would first like to express my general gratitude to all those who, directly or indirectly, have contributed in some way to the finalizing of this project. Among my colleagues of the Canadian Broadcasting Corporation in Montreal, I wish to convey particular thanks to Mr. Fernand Guérard, Head of the Linguistics and Translation Department, whose devoted support proved most valuable; Mr. Jean-Marie Laurence, Linguistic Advisor and grammarian, whom I was able to consult at will; Mr. Jean-Louis Huard, former Manager of Technical Services (TV), who provided many pertinent comments; Mr. Denis Gamache, Assistant Manager of the Film Department, who never refused me his able assistance; Mr. Claude Hébert, of the Programs on Film Department, who contributed some of the technical groundwork for this lexicon.

I want to reserve a special spot in this introductory note for the two members of my Study Committee: Mr. Robert Dubuc, Assistant Head of the Linguistics and Translation Department, and Mr. Albert Chevalier, Manager of the Film Department. I am both happy and proud of the friendly and professional relations we have enjoyed for so many years. The services they have rendered me as a lexicographer are priceless. Their linguistic and technical vigilance has been of exceptional help in perfecting my work.

I wish to conclude by paying a deserving tribute to my wife Gwendolyn. As in my former lexicographic endeavors, the often tedious job of checking the meaning and spelling of hundreds of technical terms, as well as the typing of a final presentation with alphanumerical sequence, would have been practically impossible without her untiring assistance.

Ray J. POLLET, b.a., ll.d.

LEXIQUE ANGLAIS-FRANÇAIS

ENGLISH-FRENCH LEXICON

	SYMBOLES UTILISÉS	**SYMBOLS USED**
acc	accessoires	accessories
app	appareils, équipement	apparatus, equipment
bw	noir et blanc	black & white
cam	ciné-caméras, appareils photo	movie cameras, still photo cameras
chem	produits chimiques	chemicals
cin	cinéma	movie making
col	couleur	color
comp	ordinateurs	computers
ed	montage, finissage	cutting, editing
eff	trucage, effets spéciaux	special effects
el	électricité, électronique	electricity, electronics
em	émulsion	emulsion
exp	exposition, pose	exposure
fm	film, pellicule	film stock
fil	filtres	filters
gen	général	general
hf	haute-fidélité	hi-fi
ind	industriel	industrial
lit	éclairage	lighting
mcf	microfilmage	microfilming
mec	mécanique	mechanics
med	médical	medical
mic	microphones	microphones
opt	optique	optics
phg	photographie	photography
proc	traitement, développement	processing, developing
proj	projection	projection
rec	enregistrement	recording

rep	reproduction, photocopie	reproduction, duplicating
rd	radio	radio
sd	son, musique	sound, music
tp	ruban, bande	tape
tv	télévision	television
vtr	enregistrement magnétoscopique	videotape recording
xr	rayons X	X-rays

— A —

N°	English (anglais)	Field (domaine)	French (français)
1	**AA-size battery; minibattery; penlight battery**	el/acc	*Minipile; miniaccus (rechargeables); minibatterie (série de minipiles)*
2	**Aberration; distortion**	opt/eff	*Aberration; distorsion*
3	**Abrasions (film)**	fm/tp	*Éraflures (pellicule)*
4	**Absorbency**	chem/proc/rep	voir: *Wettability*
5	**AC main**	el/gen	*Secteur CA*
6	**AC outlet**	el/acc	*Prise CA; sortie CA*
7	**Academy leader; feeder leader**	fm/tp	*Amorce normalisée (cinéma); amorce d'usage international (cinéma)*

N°	English (anglais)	Field (domaine)	French (français)
8	**Academy standards**	cin/gen	*Normes homologuées (cinéma); normes d'usage international (cinéma)*
9	**Accelerator solution**	proc/chem	*Solution accélératrice*
10	**Acceptance angle (photocell)**	exp/lit	*Angle d'incidence (posemètre)*
11	**Accessories; ancillary equipment**	acc/gen	*Accessoires*
12	**Accessory box**	cin/tv/acc	voir: *Gadget box*
13	**Acetate base (film)**	em/chem	*Support acétate (film)*
14	**Acoustic panes**	sd/acc	*Panneaux acoustiques; carreaux d'insonorisation*
15	**Actinic light**	lit/proc	*Éclairage actinique*
16	**Actinism**	lit/proc	*Actinisme*
17	**Acuity; acutance**	proj/opt	*Acuité; définition*
18	**Acutance**	proj/opt	voir: *Acuity*
19	**Adapter**	acc/gen	*Adaptateur*
20	**Adapter pin**	acc/gen	*Fiche d'adaptation*

N°	English (anglais)	Field (domaine)	French (français)
21	**Adapter ring**	acc/gen	*Bague d'accouplement; anneau intermédiaire*
22	**Additive color synthesis**	fm/col/proc	*Synthèse additive trichrome*
23	**Additive mixing**	tv/eff	*Mélange additif*
24	**Adjustment**	mec/gen	*Réglage; mise au point*
25	**Adjustment holder**	acc/gen	*Monture intermédiaire*
26	**Aerial camera**	cam/cin	*Appareil pour prises de vues aériennes; cinécaméra pour filmage aérien*
27	**Aerial cinematography; aerial shooting; aerial filming; aerial movie making**	cin	*Cinématographie aérienne; prises de vues aériennes; tournage aérien; filmage aérien*
28	**Aerial filming**	cin	voir: *Aerial cinematography*
30	**Aerial photography**	phg	*Photographie aérienne*
31	**Aerial shooting**	cin	voir: *Aerial cinematography*

N°	English (anglais)	Field (domaine)	French (français)
32	**Agitation; turbulence**	proc/chem	*Agitation; brassage*
33	**Airborne television (satellite)**	tv/app	*Stratovision (satellite)*
34	**Air time**	rd/tv	*Temps d'antenne; temps d'émission; tranche horaire*
35	**Alternating current (AC)**	el/gen	*Courant alternatif (CA)*
36	**Alphanumerical**	mcf/comp	*Alphanumérique*
37	**Aluminized plastic wrapping**	acc/fm/tp	*Emballage de plastique aluminisé; présentation en plastique aluminisé*
38	**Aluminized screen**	cin/proj	*Écran aluminisé*
39	**Ammeter**	el/app	*Ampèremètre*
40	**Amplifier**	sd/hf	*Amplificateur; ampli*
41	**Amplitude modulation (AM)**	rd/hf	*Modulation d'amplitude (MA)*
42	**Anamorphic unit**	el/tv/app	voir: *Unsqueezing unit (film)*
43	**Ancillary equipment**	acc/gen	voir: *Accessories*
44	**Ancillary equipment**	cin/tv/acc	voir: *Gadget box*

N°	English (anglais)	Field (domaine)	French (français)
45	**Ancillary jack**	el/acc	voir: *Multiple*
46	**ANSI (American National Standards Association)**	fm/em	Normes ANSI *(États-Unis)*
47	**Answer print; check print**	cin/proc	*Copie-étalon; positif de production*
48	**Arc lamp**	lit/acc	*Lampe à arc*
49	**Archival shot**	fm/ed/gen	voir: *Stock shot*
50	**ASA (American Standards Association)**	fm/em	*Normes ASA (États-Unis)*
51	**ASA exposure index**	fm/em/exp	*Tableau d'expositions relatives ASA*
52	**ASA scale**	fm/em	*Échelle sensitométrique ASA*
53	**ASA speed ratings**	fm/em	*Taux de sensibilité ASA*
51	**ASA exposure index**	fm/em/exp	*Tableau d'expositions relatives ASA*
52	**ASA scale**	fm/em	*Taux de sensibilité ASA*
54	**Astrophotography**	phg	*Astrophotographie*
55	**Atmospheric haze**	exp/phg/cin	voir: *Distance fog*

N°	English (anglais)	Field (domaine)	French (français)
56	**Attenuation**	proc/chem	*Affaiblissement; atténuation*
57	**Audio band**	sd/rd	*Gamme des fréquences audibles*
58	**Audio level**	sd/rec	*Niveau d'enregistrement sonore*
59	**Audiovisual library**	sd/fm/tp	*Audiovidéothèque; audiovisuothèque*
60	**Audiovisual slide presentation**	sd/phg/proj	*Diaporama; présentation diasonore*
61	**Audiovisual techniques**	sd/fm/tp	*Techniques audiovisuelles*
62	**Automated retrieval**	mcf/comp	*Repérage automatisé; recherche automatisée*
63	**Automatic chrominance control (ACC)**	tv/col	*Commande automatique de chrominance (CAC)*
64	**Automatic code sensor**	proj/comp	*Dispositif de repérage automatique; dispositif de lecture automatisé.*

N°	English (anglais)	Field (domaine)	French (français)
65	**Automatic cueing system**	proj/comp	*Système de codage automatique; dispositif de repérage automatique*
66	**Automatic exposure control**	exp/mec/el	*Autoréglage d'exposition*
67	**Automatic feeder**	mcf/comp	*Dispositif d'alimentation automatique; distributeur automatique*
68	**Automatic indexing**	comp/mcf	*Indexage automatique*
69	**Automatic processing**	proc/fm	*Traitement automatique*
70	**Automatic processor**	app/proc/chem	*Appareil de traitement automatique*
71	**Automatic program equipment (APE)**	comp/rd/tv	*Bloc de mise en ondes automatique (BMOA)*
72	**Automatic release**	cam/acc	*Déclenchement automatique*
73	**Automatic scanning**	mcf/comp	*Exploration automatique; repérage automatique; recherche automatique*

N°	English (anglais)	Field (domaine)	French (français)
74	**Automatic stacker**	mcf/comp/rep	*Dispositif d'empilement automatique; empileur automatique*
75	**Automatic striking arc**	lit	*Arc à amorçage automatique*
76	**Automatic threading (film)**	cam/proj	*Auto-amorçage (film); amorçage automatique (film)*
77	**Automatic titler; automatic title printer**	cin/tv	*Titreuse automatique*
78	**Automatic title printer**	cin/tv	voir: *Automatic titler*
79	**Automaticity**	gen/app	*Automaticité*
80	**Automation**	comp/app	*Automation; automatisation*
81	**Automatic volume control (AVC)**	el/sd	*Commande automatique de volume (CAV)*
82	**Average picture level (APL)**	tv/el	*Niveau moyen de luminance (NML)*

— B —

N°	English (anglais)	Field (domaine)	French (français)
83	**Baby spotlight; midget light**	lit/el	*Miniprojecteur; petit projecteur*
84	**Back projection; rear-screen projection; process projection**	cin/tv/proj	*Projection par transparence*
85	**Background film; background plate**	cin/proc/eff	*Copie pour trucage par transparence*
86	**Background lighting**	lit/el	*Éclairage de fond; lumière de fond*
87	**Background loudspeaker**	cin/tv/sd	*Haut-parleur de fond*
88	**Background music**	sd/gen	*Musique d'atmosphère; fond sonore; illustration sonore*

N°	English (anglais)	Field (domaine)	French (français)
89	**Background music system**	sd/ind	*Système de sonorisation musicale*
90	**Background noise; random noise;**	sd/rd	*Bruit de fond; fond parasite*
91	**Background plate**	cin/proc/eff	voir: *Background film*
92	**Baffle**	sd/acc	*Panneau acoustique; écran acoustique;*
93	**Baffle board**	sd/hf/acc	*Écran d'insonorisation; panneau absorbant; écran anti-écho*
94	**Balancing light**	lit/acc	*Lumière d'appoint; éclairage complémentaire*
95	**Bank of lights**	lit/app	voir: *Broad*
96	**Barn doors**	proj/acc/eff	*Volets de projecteur; coupe-flux lumineux*
97	**Base (of lamp)**	el/acc	*Culot (de lampe)*
98	**Basher**	lit/acc	voir: *Broadside*
99	**Batch number (film stock); emulsion number**	fm/tp	*Numéro de fabrication (film); numéro d'émulsion*

N°	English (anglais)	Field (domaine)	French (français)
100	**Batch processing**	comp	*Traitement par lots*
101	**Battery checker (camera incorporated)**	el/acc	*Contrôle-charge des accus (incorporé à la caméra)*
102	**Battery tester; voltmeter**	el/app	*Voltmètre (pour piles)*
103	**Beaded screen**	cin/proj	*Écran perlé; écran givré*
104	**Beam candlepower second (BCPS)**	el/lit/phg	*Intensité lumineuse BCPS*
105	**Beam focus**	tv/el	*Focalisation; concentration du faisceau*
106	**Belt drive**	mec/app	*Entraînement par courroie*
107	**Bidirectional microphone**	mic/el	*Micro bidirectionnel*
108	**Binary code patterns (information retrieval)**	mcf/comp	*Codage à numération binaire; codage binaire; indexage binaire (repérage de l'information)*
109	**Binary element; bit**	comp	*Élément binaire; bit*

N°	English (anglais)	Field (domaine)	French (français)
110	**Bird's eye view; boom shot; high-angle shot**	cin/tv	*Prise de vue en plongée; filmage en plongée*
111	**Bit**	comp	voir: *Binary element*
112	**Bit density**	rec/el	*Densité d'enre-gistrement*
113	**Black-out**	rd/tv	*Décrochage*
114	**Blanked picture signal**	tv/el	*Signal de suppres-sion image*
115	**Blanking interval**	tv/el	*Intervalle de suppression*
116	**Blast filter**	mic/fil	*Filtre acoustique*
117	**Bleeding whites**	tv/eff	*Halos*
118	**Blimped camera; noiseless camera; soundproof camera**	cam/cin/tv	*Caméra insonorisée*
119	**Blocking**	comp	*Groupage*
120	**Bloom**	tv/cin	*Flou de déconcen-tration; flou d'image*
121	**Bloop**	sd/ed	*Bruit de collure; claque de collage*
122	**Blooping patch**	ed/fm/tp	*Cache-collure*

N°	English (anglais)	Field (domaine)	French (français)
123	**Blower trap**	cam/tv/cin	*Volet de ventilation; volet d'aération*
124	**Blow-up; enlargement**	phg/proc	*Agrandissement*
125	**Blur pan**	cin/tv/cam	voir: *Swish shot*
126	**Blurring (image)**	cin/tv/proj	voir: *Fuzziness (image)*
127	**Boom shot**	cin/tv	voir: *Bird's eye view*
128	**Booster battery**	el/app	*Batterie d'appoint; batterie de secours*
129	**Booster light**	lit/el	voir: *Fill-in light*
130	**Breathing**	tv/proj	*Fluctuation lente de l'image*
131	**Brightness**	lit/phg/cin	voir: *Luminance*
132	**Broad; bank of lights**	lit/app	*Parc de projecteurs; batterie de projecteurs*
133	**Broadside; basher; scoop**	lit/acc	*Réflecteur-diffuseur*
134	**BSI (British Standards Institution)**	fm/em	*Normes BSI (Grande-Bretagne)*

N°	English (anglais)	Field (domaine)	French (français)
135	**BSI exposure index**	fm/em/exp	*Tableau d'expositions relatives BSI*
136	**BSI scale**	fm/em	*Échelle sensitométrique BSI*
137	**BSI speed ratings**	fm/em	*Taux de sensibilité BSI*
138	**Buckling (film)**	fm/tp/mec	*Gauchissement; gondolage (film)*
139	**Bulk erased noise**	sd/rec	*Parasites résiduels*
140	**Bulk eraser**	sd/rec/acc	*Effaceur de masse*
141	**Burning-up**	exp/fm/proc	voir: *Overexposure*
142	**Burst**	tv/col	*Signal de synchronisation couleur; salve; burst*
143	**Business game**	comp/ind	*Jeu d'entreprise*
144	**Butterfly**	cin/lit/eff	voir: *Scrim*
145	**Butt-splicing**	ed/fm/tp	*Collure à froid (bout à bout); épissage*
146	**Buzzer**	sd/el	*Ronfleur; avertisseur sonore*
147	**Byte**	comp	*Multiplet*

— C —

N°	English (anglais)	Field (domaine)	French (français)
148	**Cablecasting**	rd/tv/ind	*Télédistribution; câblodiffusion (Canada)*
149	**Cable television**	tv/ind	*Télédistribution; câblovision (Canada)*
150	**Cam**	mec/acc	*Came; excentrique*
151	**Cam follower; yoke**	cin/proj/mec	*Dispositif de guidage; dispositif d'alimentation*
152	**Cam intermittent movement**	cin/proj	*Mouvement intermittent à came*
153	**Camera body; camera carcass; camera casing; camera housing**	cam/app	*Boîtier de caméra; bâti de la caméra*

N°	English (anglais)	Field (domaine)	French (français)
154	**Camera buckle**	fm/mec/cam	voir: *Spaghetti*
155	**Camera carcass**	cam/app	voir: *Camera body*
156	**Camera casing**	cam/app	voir: *Camera body*
157	**Camera control unit (CCU)**	tv/cam/app	*Bloc commande de caméra (BCC)*
158	**Camera coverage**	phg/cin/exp	voir: *Field of view*
159	**Camera housing**	cam/app	voir: *Camera body*
160	**Candlepower**	el/lit	*Intensité lumineuse*
161	**Capacitor; condenser**	el/app	*Condensateur*
162	**Capacitor microphone; condenser mike**	mic/app	*Microphone à condensateur*
163	**Capstan**	mec/acc/vtr	*Cabestan*
164	**Carbro processing**	phg/chem/ed	voir: *Ozobrome process*
165	**Cathode-ray tube (CRT)**	tv/el	*Tube cathodique; tube à rayons électroniques*
166	**Catwalk; gantries**	el/lit	*Passerelle (éclairage)*
167	**Celsius scale (scientific appellation); centigrade scale**	gen	*Échelle Celsius (appellation scientifique); échelle centigrade*

N°	English (anglais)	Field (domaine)	French (français)
168	**Centigrade scale**	gen	voir: *Celsius scale*
169	**Central control**	tv/rd	voir: *Master control*
170	**Central sound system**	sd/hf	*Chaîne sonore*
171	**Change-over**	el/app	*Permutation*
172	**Change-over switch**	el/lit/proj	*Permutateur; commutateur de transition; inverseur*
173	**Channel threading (film)**	cam/proj	*Système de guidage (amorçage du film); guide d'achemine-ment (film)*
174	**Characteristic curve; H and D curve; sensitometric curve**	em/proc/ed	*Courbe sensitomé-trique (H & D)*
175	**Check print**	cin/proc	voir: *Answer print*
176	**Chemical**	chem/proc/ed	*Produit chimique*
177	**Chemical fade**	proc/chem	*Fondu chimique*
178	**Chemical fumes**	chem/proc	*Émanations chimiques*
179	**Chemical replenishment**	proc/chem	*Régénération chimique*

N°	English (anglais)	Field (domaine)	French (français)
180	**Chemkit**	proc/chem/acc	voir: *Prepackaged chemical kit*
181	**Chempack**	proc/chem/acc	voir: *Prepackaged chemical kit*
182	**Chest microphone**	mic/app	*Micro-plastron*
183	**Choke coil**	el/acc	*Bobine d'arrêt; bobine de choc*
184	**Chroma; saturation**	tv/col/el	*Saturation; chroma*
185	**Chroma control**	tv/col/app	*Commande de saturation*
186	**Chroma gain**	tv/col	*Intensité-couleur*
187	**Chroma key**	tv/col	*Incrustation-couleur*
188	**Chroma key switcher**	tv/col/app	*Incrusteur-couleur*
189	**Chromaticity; chromatic sensitivity; chromatic speed**	em/col	*Chromaticité; chromatisme; sensibilité chromatique; rapidité chromatique*
190	**Chromatic sensitivity**	em/col	voir: *Chromaticity*
191	**Chromatic speed**	em/col	voir: *Chromaticity*

N°	English (anglais)	Field (domaine)	French (français)
192	**Chrominance signal**	tv/col	*Signal de chrominance*
193	**Chronocinematography**	cin/el/eff	voir: *Time-lapse cinematography*
194	**Chronophotography**	phg/el/eff	voir: *Time-lapse photography*
195	**Cinefluorography**	med/ind/xr	voir: *Cineradiography*
196	**Cineradiography; cinefluorography**	med/ind/xr	*Radiocinématographie; cinéradiographie*
197	**Circuit breaker**	el/app	*Disjoncteur*
198	**Circuitry**	el/app	*Circuit; montage*
199	**Clearing agent**	proc/chem	*Agent d'élimination; produit d'élimination*
200	**Clearing bath**	proc/chem	*Bain de clarification*
201	**Clipping**	el/tv/vtr	*Écrêtage*
202	**Clockwork**	mec/app	voir: *Timer*
203	**Close cut**	phg/ed	*Détourage*
204	**Closed-circuit television**	tv/ind	*Télévision en circuit fermé*

N°	English (anglais)	Field (domaine)	French (français)
205	**Coated lens; treated lens**	opt/cin/phg	*Objectif traité; lentille traitée*
206	**Code lines system (information retrieval)**	mcf/comp	*Codage linéaire; indexage linéaire (repérage de l'information)*
207	**Code sensor**	mcf/proj	*Lecteur d'indices de codage; dispositif de repérage*
208	**Coding**	mcf/comp	*Codage; indexage*
209	**Coldlight**	lit/proj	*Lumière anticalorique; lumière froide*
210	**Cold mirror; interference mirror**	proj/acc	*Réflecteur anticalorique; miroir anticalorique*
211	**Collimating lens**	opt/gen	*Lentille collimatrice*
212	**Color background generator; color matte generator**	tv/col/eff	*Générateur de fond*
213	**Color balance**	col/fm/tv	*Équilibrage couleur*

N°	English (anglais)	Field (domaine)	French (français)
214	**Colorcast; color telecast**	proj/tv/col	*Émission couleur (TV); émission télévisée en couleur*
215	**Color correction filter; decamired filter**	fil/col	*Filtre decamired; filtre de correction couleur*
216	**Color developer**	chem/col/proc	*Révélateur chromo-gène*
217	**Colorimetry**	em/col/ed	*Colorimétrie*
218	**Color matte generator**	tv/col/eff	voir: *Color back-ground generator*
219	**Color meter; kelvinometer; thermocolorimeter**	col/phg/cin	*Colorimètre; kelvinomètre; thermocolorimètre*
220	**Color microfilming**	mcf/col	*Microfilmage cou-leur; microfilmage polychrome*
221	**Color mixer**	tv/vtr	voir: *Color plexer*
222	**Color plexer; color mixer**	tv/vtr	*Codeur; mélangeur de couleurs*
223	**Color screen**	lit/col	voir: *Gelatin*
224	**Color telecast**	proj/tv/col	voir: *Colorcast*

N°	English (anglais)	Field (domaine)	French (français)
225	**Color temperature**	em/col/ed	*Température de couleur*
226	**Color wheel**	lit/col	voir: *Gelatin*
227	**Combined print; composite print; comopt**	cin/proc	*Copie combinée; copie avec piste optique; comopt*
228	**Community antenna**	tv/sd/app	*Antenne collective*
229	**Community television**	tv/ind	*Télévision communautaire*
230	**Comopt**	cin/proc	voir: *Combined print*
231	**Compensator (motor); speed regulator**	mec/app	*Régulateur de vitesse (moteur)*
232	**Complementary colors**	col/opt/gen	*Couleurs complémentaires*
233	**Completely transistorized**	el/app/gen	voir: *Solid state*
234	**Complex shot**	cin/tv	voir: *Rap shot*
235	**Composite color signal**	tv/col/proj	*Signal couleur complet*
236	**Composite print**	cin/proc	voir: *Combined print*

N°	English (anglais)	Field (domaine)	French (français)
237	**Composite video signal**	tv/vtr/proj	*Signal d'image complet*
238	**Computational colorimetry**	comp/col/ed	*Colorimétrie quantitative*
239	**Computer animation**	cin/comp	*Animation programmée*
240	**Computer language**	comp/el	voir: *Machine language*
241	**Computer output microfilmer**	mcf/comp	*Microfilmeur périphérique*
242	**Computer printout**	comp/rep	*Listages mécanographiques; listings d'ordinateur*
243	**Concave lens; diverging lens**	opt/gen	*Lentille concave; lentille divergente*
244	**Concentration speck**	em/chem/proc	voir: *Nucleus (nuclei)*
245	**Condenser**	el/app	voir: *Capacitor*
246	**Condensing mike**	mic/app	voir: *Capacitor microphone*
247	**Contact lab; contact room**	fm/proc/ed	*Laboratoire contact; labo-contact*
248	**Contact printing; contact work**	fm/proc/ed	*Tirage contact; reproduction contact*

N°	English (anglais)	Field (domaine)	French (français)
249	**Contact room**	fm/proc/ed	voir: *Contact lab*
250	**Contact work**	fm/proc/ed	voir: *Contact printing*
251	**Contrast index**	fm/tp/proc	*Indice de contraste*
252	**Control keyboard (information data)**	mcf/comp	*Clavier de repérage (information); clavier de recherche*
253	**Control strip (developer)**	proc/chem	*Bande témoin (bains de traitement chimique)*
254	**Control track (sound)**	sd/hf	*Piste de contrôle sonore*
255	**Converging lens**	opt/gen	voir: *Convex lens*
256	**Conversational mode**	comp/ind	*Mode conversationnel; mode dialogué*
257	**Convex lens; converging lens**	opt/gen	*Lentille convexe; lentille convergente*
258	**Cooked**	fm/proc	voir: *Over-developed*
259	**Cooper-Hewitt lamp lamp**	cin/lit/el	voir: *Mercury vapor lamp*
260	**Copier; copying machine**	rep/phg	*Copieur; machine à copier*

N°	English (anglais)	Field (domaine)	French (français)
261	**Copying machine**	rep/phg	voir: *Copier*
262	**Crane (camera)**	cam/app	*Chariot-grue pour caméra*
263	**Crawl title**	cin/tv/proj	voir: *Running title*
264	**Critical angle (refraction)**	opt/gen	*Angle limite (réfraction); angle minimal (réfraction)*
265	**Critical path method**	comp/ind	*Méthode du chemi-nement critique*
266	**Cropping**	cin/phg/ed	*Élagage; recadrage*
267	**Cross-cutting; intercutting**	fm/tp/ed	*Montage alternatif*
268	**Cross-hairs**	opt/cam	voir: *Graticule lines*
269	**Crystal loud-speaker**	sd/app	voir: *Piezoelectric loudspeaker*
270	**Crystal mike**	mic/el/app	voir: *Piezoelectric microphone*
271	**Cue**	tv/rd/gen	voir: *Non verbal cue*
272	**Curvature**	opt/gen	*Courbure; inflexion*
273	**Curvature of field**	opt/exp/proj	*Courbure de champ*

N°	English (anglais)	Field (domaine)	French (français)
274	**Cutting; editing**	fm/tp/ed	*Montage; finissage*
275	**Cutting copy; work copy; work print**	fm/cin/ed	*Copie de travail*
276	**Cybernetics**	el/comp	*Cybernétique*

— D —

N°	English (anglais)	Field (domaine)	French (français)
277	**Dailies; rushes**	cin/tv/ed	*Épreuves (quotidiennes) de tournage*
278	**Data**	comp/gen	voir: *Information*
279	**Data bank**	comp/mcf	*Banque de données*
280	**Data base**	comp/mcf	*Base de données; fichier central*
281	**Data processing; information processing**	comp/gen	*Traitement de l'information; traitement des données; informatique*
282	**Daylight balanced film**	em/fm/exp	*Film équilibré pour la lumière du jour*
283	**Daylight screen**	cin/proj	*Écran plein-jour*
284	**DC erasure**	rec/el	*Effacement par courant continu*

N°	English (anglais)	Field (domaine)	French (français)
285	**Decamired filter**	fil/col	voir: *Color correction filter*
286	**Deflection (rays)**	opt/gen	*Déviation (rayons)*
287	**Deflection coil**	tv/el/app	*Bobine de déviation*
288	**Densimeter; densometer**	proc/chem	*Densimètre; aéromètre*
289	**Densitometer**	em/exp/ed	*Densitomètre*
290	**Densometer**	proc/chem	voir: *Densimeter*
291	**Desensitizing**	proc/em/xr	*Désensibilisation*
292	**Design library**	acc/eff/tv	*Scénothèque*
293	**Developer**	chem/proc	*Révélateur*
294	**Developer starter**	chem/proc	*Produit d'activation (révélateur); produit de lancement du révélateur*
295	**Developing tray**	proc/fm/xr	*Cuve de développement*
296	**Diascope; slide projector**	proj/phg	*Diascope; projecteur dias; projecteur de diapositives*
297	**Diazo dye**	chem/proc	*Colorant diazoïque*
298	**Diazo film stock**	fm/chem/proc	*Film à support diazoïque; pellicule diazoïque*

N°	English (anglais)	Field (domaine)	French (français)
299	**Dichroic fog**	fm/tp/proc	*Voile dichroïque*
300	**Dielectric**	el/gen	*Diélectrique*
301	**Diffused light**	lit/el	*Lumière tamisée; lumière d'ambiance*
302	**Digit keyboard (information retrieval)**	mcf/comp	*Clavier numérique (repérage de l'information)*
303	**Digit selector (information retrieval)**	mcf/comp	*Sélecteur numérique (repérage de l'information)*
304	**Digital**	comp/mcf/gen	*Numérique; numéral; digital*
305	**Digital recording**	rec/el/ap	*Enregistrement digital*
306	**Dimensional stability (film)**	em/chem/ed	*Stabilité dimensionnelle (film)*
307	**Dimensionally stable stock**	fm/ed	voir: *Nondeforming film*
308	**Dimmer (lights)**	lit/el/app	*Gradateur (éclairage)*
309	**DIN (Deutsche Industrie norm)**	fm/em	*Normes DIN (Allemagne)*
310	**DIN exposure index**	fm/em/exp	*Tableau d'expositions relatives DIN*

N°	English (anglais)	Field (domaine)	French (français)
311	**DIN scale**	fm/em	*Échelle sensitométrique DIN*
312	**DIN speed ratings**	fm/em	*Taux de sensibilité DIN*
313	**Diorama; miniature setting**	cin/tv/acc	*Maquette de décors; modèle réduit (décors)*
314	**Direct current (DC)**	el/gen	*Courant continu (CC)*
315	**Directional lighting**	lit/el	*Éclairage directionnel*
316	**Dirt noise**	sd/rec	*Bruit parasite; grésillement*
317	**Dish; tray**	proc/acc/gen	*Cuvette*
318	**Dish rocker**	proc/chem/app	*Balance-cuvette*
319	**Distance fog; atmospheric haze**	exp/phg/cin	*Voile atmosphérique; brume lointaine*
320	**Distortion**	opt/eff	voir: *Aberration*
321	**Distortion curve**	opt/gen	*Courbe de distorsion*
322	**Diverging lens**	opt/gen	voir: *Concave lens*

N°	English (anglais)	Field (domaine)	French (français)
323	**Document reproduction**	rep/gen	voir: *Reprography*
324	**Dodging; selective shading**	exp/ed	*Masquage mobile; ombrage sélectif*
325	**Doll buggy**	cin/tv/app	voir: *Dolly*
326	**Dolly; doll buggy**	cin/tv/app	*Chariot de travelling*
327	**Dolly broad**	lit/el	*Projecteurs d'ambiance; double batterie de projecteurs*
328	**Double exposure; double run; multi-exposure**	exp/fm/ed	*Surimpression; double exposition*
329	**Double image**	tv/vtr/proj	voir: *Écho (image)*
330	**Double-perforation stock**	fm/cin	*Film à perforation double; pellicule à perforations bilatérales*
331	**Double run**	exp/fm/ed	voir: *Double cxposure*
332	**Double-vane system (exposure)**	exp/mec/app	*Dispositif (d'exposition) à double vanne; dispositif (d'exposition) à volet double*

N°	English (anglais)	Field (domaine)	French (français)
333	**Drainer**	proc/fm/xr	voir : *Drip tray*
334	**Drip tray; drainer**	proc/fm/xr	*Cuvette d'égouttage; égouttoir*
335	**Drive-in (movies)**	proj/cin	*Cinéparc; cinéma de route*
336	**Driving shaft**	app/cam/mec	*Axe moteur; axe d'entraînement*
337	**Drop-out (tape)**	sd/tp/vtr	*Paille magnétique; défaut magnétique*
338	**Dry retouching**	fm/phg/ed	voir: *Knifing*
339	**Dryer**	proc/fm/xr	*Sécheuse; séchoir*
340	**Dryer-glazer**	proc/ed/fm	*Sécheuse-glaceuse*
341	**Duo method (micro-filming); duo operation**	mcf/rec	*Microfilmage en duo; procédé duo (microfilmage)*
342	**Duo operation**	mcf/rec	voir: *Duo method (microfilm)*
343	**Duping**	cin/phg/ed	*Contretypage*
344	**Duplex method (microfilming); duplex operation**	mcf/rec	*Microfilmage en duplex; procédé duplex (microfilmage)*

N°	English (anglais)	Field (domaine)	French (français)
345	**Duplex operation**	mcf/rec	voir: *Duplex method (micro-filming)*
346	**Duplex sound track**	sd/rec	*Enregistrement sonore double piste*
347	**Duplicating machine**	rep/mec	voir: *Duplicator*
348	**Duplicator; duplicating machine**	rep/mec	*Duplicateur*
349	**Durarc light**	lit/cin/acc	voir: *Twin-arc light*
350	**Dust cover**	acc/app	*Couvercle antipous-sière; housse antipous-sière*
351	**Dust filter**	fil/proc	*Filtre antipoussière*
352	**Dyestuff**	col/em/proc	*Matière colorante; colorant*
353	**Dynamic loudspeaker**	sd/hf/el	*Haut-parleur électrodynamique*
354	**Dynamic microphone**	mic/el	*Microphone élec-trodynamique; micro à conducteur mobile*

— E —

N°	English (anglais)	Field (domaine)	French (français)
355	**Earphone**	sd/rec/app	voir: *Earset*
356	**Earset; earphone; headset; head receiver**	sd/rec/app	*Écouteurs; casque d'écoute*
357	**Earth wire; ground wire; grounding conductor**	el/gen	*Fil de terre; prise de terre*
358	**Easel mask**	phg/ed	*Cadre margeur*
359	**Echo (image); ghosting; double image; multipath effect**	tv/vtr/proj	*Image fantôme; image double; dédoublement de l'image*
360	**Echo (sound); sound reverberation**	sd/rec/eff	*Réverbération; écho; brouillage sonore*

N°	English (anglais)	Field (domaine)	French (français)
361	**Edge distortion; edge effect**	em/phg/proc	*Distorsion de contours*
362	**Edge effect**	em/phg/proc	voir: *Edge distortion*
363	**Edge flare**	cin/tv/proj	*Surluminance de contours*
364	**Edge numbers; footage numbers; key numbers**	fm/tp/ed	*Numéros de repérage (pellicule); numéros de piétage*
365	**Editing**	fm/tp/ed	voir: *Cutting*
366	**Editing bench**	cin/tv/ed	*Table de montage*
367	**Editorial script**	cin/tv	*Découpage technique (scénario)*
368	**Editorial sync**	fd/sd/ed	voir: *Level synchronization*
369	**Effective aperture; working aperture**	opt/exp	*Ouverture utile; ouverture photométrique*
370	**Effective candle-power second (ECPS)**	el/lit/fm	*Intensité lumineuse ECPS*
371	**Electrical birefringence**	opt/eff	voir: *Kerr effect*
373	**Electrocardiography**	tp/rec/med	*Électrocardiographie*

N°	English (anglais)	Field (domaine)	French (français)
374	**Electrochemistry**	el/chem	*Électrochimie*
375	**Electrography; phototelegraphy**	el/phg	*Phototélégraphie*
376	**Electronic camera**	cin/vtr/app	*Caméra électro-nique*
377	**Electronic data pro-cessing machine**	comp/el/app	*Ensemble de traite-ment électronique*
378	**Electronic editing; videotape editing**	vtr/ed	*Montage électro-nique; découpage électro-nique*
379	**Electronic flash; speed light; stroboflash; high-speed flash**	phg/exp/el	*Flash électronique; stroboflash; flash strobosco-pique*
380	**Electronic impulse**	vtr/tv/el	*Impulsion électro-nique*
381	**Electronic lens**	opt/exp	*Objectif électro-nique*
382	**Electronic shutter**	tv/proj	*Obturateur électro-nique*
383	**Electronic unsqueezing**	el/tv	voir: *Unsqueezing (of film image)*
384	**Electronic video recording (EVR)**	tv/vtr/el	*Électrocinéma; électrociné*

N°	English (anglais)	Field (domaine)	French (français)
385	**Electrophotography**	phg/el/ind	*Électrophotographie*
386	**Electroradiography**	el/xr/med	*Électroradiographie*
387	**Electrotherapy**	el/med	*Électrothérapie*
388	**Emulsion; layer**	em/fm/tp	*Émulsion; couche sensible*
389	**Emulsion number**	fm/tp	voir: *Batch number (film stock)*
390	**End leader**	fm/tp	voir: *Tail leader*
391	**Enlargement**	phg/proc	voir: *Blow-up*
392	**Enlargement scale**	mcf/opt/ed	voir: *Magnification ratio*
393	**Enlarger**	phg/opt/app	*Agrandisseur; appareil d'agrandissement*
394	**Enlarging lens**	phg/opt/proc	*Objectif d'agrandissement*
395	**Episcope; opaque projector**	proj/app	*Épiscope*
396	**Equalization (sound)**	sd/rec	*Égalisation sonore; homogénéisation phonique*
397	**Even illumination**	lit/cin/phg	voir: *Uniform illumination*
398	**Excess voltage**	el/gen	voir: *Voltage surge*

N°	English (anglais)	Field (domaine)	French (français)
399	**Exposure**	exp/opt/cam	*Exposition; pose; lumination*
400	**Exposure control system**	cam/exp	*Régulateur d'exposition; dispositif de réglage d'exposition*
401	**Extra-high tension (EHT)**	el/tv	*Très haute tension (THT)*
402	**Extraneous light**	exp/opt/proj	*Lumière parasite; luminosité parasite; éclairage superflu*

— F —

N°	English (anglais)	Field (domaine)	French (français)
403	**Fade (image); fading (video)**	cin/tv/eff	*Fondu (image)*
404	**Fade scale**	cin/tv/eff	*Échelle de gradation (fondus)*
405	**Fader; volume control; sound fading device**	sd/cin/tv	*Atténuateur (audio/vidéo); potentiomètre de réglage; dispositif de réglage d'intensité*
406	**Fading (sound)**	sd/eff	*Affaiblissement (son); fading*
407	**Fading (video)**	cin/tv/eff	voir: *Fade (image)*
408	**Farmer's reducer**	chem/proc	*Faiblisseur de Farmer; affaiblisseur (Farmer)*

N°	English (anglais)	Field (domaine)	French (français)
409	**Fast developer; fast-working developer; quick-finish developer**	chem/proc	*Révélateur rapide; révélateur à action rapide*
410	**Fast forward**	cin/proj/app	voir: *Quick forward*
411	**Fast lens; high-power lens; high-speed lens**	opt/exp	*Objectif rapide; objectif à grande ouverture*
412	**Fast motion**	cin/tv/cam	voir: *Quick motion*
413	**Fast reverse**	cin/proj/app	voir: *Quick reverse*
414	**Fast rewind**	cin/proj/app	voir: *Quick rewind*
415	**Fast-working developer**	chem/proc	voir: *Fast developer*
416	**Feature film; full-length film; full-length movie; main film**	cin/tv/proj	*Long métrage; grand film*
417	**Feed**	tv/rd/el	*Alimentation; signal; source d'émission*
418	**Feeder**	app/cam/gen	*Mécanisme d'alimentation; mécanisme d'avancement*

N°	English (anglais)	Field (domaine)	French (français)
419	**Feeder leader**	fm/tp	voir: *Academy leader*
420	**Feeler print**	fm/proc/ed	*Positif de montage*
421	**Field; raster**	tv/col/bw	*Trame; plage; champ total de l'image*
422	**Field drive**	tv/el	*Déclenchement trame*
423	**Field flattening**	opt/eff	*Aplanissement du champ*
424	**Field flattening lens**	opt/acc	*Lentille d'aplanissement du champ*
425	**Field frequency**	tv/proj	*Fréquence de trame*
426	**Field of view; camera coverage; field of vision; lens coverage; shooting range**	phg/cin/exp	*Champ visuel; champ angulaire*
427	**Field of vision**	phg/cin/exp	voir: *Field of view*
428	**Field pick-up**	tv/cin/rec	voir: *Outside broadcast*
429	**Field pick-up equipment**	tv/cin/app	voir: *Outside broadcast equipment*

N°	English (anglais)	Field (domaine)	French (français)
430	**Filler (program); fill-in; fill-up; slack shot**	cin/tv	*Film d'appoint; film d'interlude; film complément de programme; séquence-tampon*
431	**Fill-in**	cin/tv	voir: *Filler (program)*
432	**Fill-in light; booster light**	lit/el	*Lumière d'appoint; éclairage complémentaire*
433	**Fill-up**	cin/tv	voir: *Filler (program)*
434	**Film assembler; film editor**	fm/tp/ed	*Monteur (ciné-tv)*
435	**Film cameraman**	cin/bw/col	*Cinécaméraman*
436	**Film clip; film strip**	cin/tv	*Extrait fixe; séquence filmée*
437	**Film depository**	fm/cin/gen	voir: *Film library*
438	**Film editor**	fm/tp/ed	voir: *Film assembler*
439	**Film footage**	fm/tp/gen	voir: *Film length*
440	**Film holder**	fm/proc/acc	voir: Film rack
441	**Film length; film footage**	fm/tp/gen	*Métrage (film); piétage (pellicule)*

N°	English (anglais)	Field (domaine)	French (français)
442	**Film library; film depository**	fm/cin/gen	*Cinémathèque; filmathèque*
443	**Film pick-up; telecine system; film transmission**	tv/proj	*Télécinéma; téléciné*
444	**Film preservation**	fm/tp/gen	*Conservation des films*
445	**Film propulsion; film transport**	fm/mec	*Translation du film; entraînement de la pellicule*
446	**Film rack; film holder**	fm/proc/acc	*Cadre porte-film; porte-film*
447	**Film sensor**	cam/proj/acc	voir: *Film snubber*
448	**Film snubber; film sensor**	cam/proj/acc	*Dispositif d'amortissement (film); rouleau amortisseur*
449	**Film stock; raw material (film); virgin film material**	fm/tp/gen	*Pellicule vierge; film vierge*
450	**Film strip**	cin/tv	voir: *Film clip*
451	**Film transmission**	tv/proj	voir: *Film pick-up*
452	**Film transmitter; telecine process**	tv/proj	*Émetteur de télécinéma; émetteur-téléciné*
453	**Film transport**	fm/mec	voir: *Film propulsion*

N°	English (anglais)	Field (domaine)	French (français)
454	**Film waste**	fm/cin/ed	voir: *Out-takes*
455	**Film writer; script writer**	cin/tv	*Scénariste*
456	**Filming distance**	exp/cin/tv	voir: *Taking distance*
457	**Filming unit**	cam/gen	*Bloc de filmage*
458	**Final output monitor**	tv/proj/app	voir: *On-the-air monitor*
459	**Final print; married print**	fm/cin/ed	*Copie d'exploitation (film); copie de distribution; copie finale*
460	**Final script**	cin/tv	*Scénario de tournage; scénario de prise de vues*
461	**Fine grain**	em/proc	*Grain fin*
462	**Fine grain copy; fine grain print**	fm/phg/ed	*Copie grain fin; épreuve grain fin*
463	**Fine grain print**	fm/phg/ed	voir: *Fine grain copy*
464	**First answer print**	fm/cin/ed	*Premier positif*

N°	English (anglais)	Field (domaine)	French (français)
465	**Fisheye lens; spherical lens; ultra-wide-angle lens**	opt/exp/eff	*Objectif «fisheye»; objectif à lentille sphérique; objectif ultra grand-angulaire; objectif super grand-angulaire*
466	**Fixed-focus lens; universal focus lens**	opt/exp	*Objectif à foyer fixe*
467	**Fixer**	chem/proc	*Fixateur*
468	**Fixing**	chem/proc	*Fixage; stabilisation*
469	**Fixing tank**	proc/app	*Cuve de fixage*
470	**Flag; minigobo; intercepting screen**	lit/sd/acc	*Miniécran d'interception; petit écran intercepteur (lumière/son)*
471	**Flare spot**	tv/opt/proj	voir: *Womp*
472	**Flash card (info-retrieval)**	mcf/comp/el	*Fiche signalétique; fiche de repérage; repère flash (localisation)*
473	**Flat frequency response**	mic/el	*Réponse uniforme; réponse droite*

N°	English (anglais)	Field (domaine)	French (français)
474	**Flat image; flat picture; low contrast picture**	cin/tv/proj	*Image sans relief; image sans contraste*
475	**Flat lighting; no contrast lighting**	lit/phg/cin	*Éclairage sans relief; éclairage sans contraste; éclairage plat*
476	**Flatness of field**	opt/eff	*Planéité du champ*
477	**Flat picture**	cin/tv/proj	voir: *Flat image*
478	**Flicker; flicking**	tv/cin/proj	*Papillotement; clignotement*
479	**Flicking**	tv/cin/proj	voir: *Flicker*
480	**Flint glass**	opt/acc	voir: *Light flint*
481	**Flip cards (credits)**	cin/tv/proj	voir: *Title cards*
482	**Flip-on screen**	proj/gen	*Miniécran escamotable; miniécran basculant*
483	**Floats; footlights**	lit/el	*Rampe; feux de la rampe*
484	**Florentine**	opt/cin	voir: *Fresnel lens*
485	**Fluorescent lighting**	lit/el/xr	*Éclairage fluorescent*

N°	English (anglais)	Field (domaine)	French (français)
486	**Fluorescent screen**	proj/xr	*Écran fluorescent*
487	**Fluoroscope**	med/xr/proj	voir: *Radioscopy*
488	**Flutter (image)**	tv/cin/proj	*Sautillement; battement; vibration (image)*
489	**Flutter (sound)**	sd/rec/el	*Pleurage*
490	**Flutter meter**	sd/el/app	*Indicateur de pleurage*
491	**Fly loft**	cin/tv	*Cintre*
492	**Fly system**	cin/tv/app	*Machinerie des cintres*
493	**Flying-spot scanner**	tv/el/app	*Analyseur d'images (fixes ou animées)*
494	**Follow spot; travel spot**	lit/acc	*Projecteur de poursuite*
495	**Footage counter; footage indicator**	cam/fm/acc	*Compteur métrique (déroulement du film); indicateur de piétage*
496	**Footage indicator**	cam/fm/acc	voir: *Footage counter*
497	**Footage numbers**	fm/tp/ed	voir: *Edge numbers*

N°	English (anglais)	Field (domaine)	French (français)
498	**Footlights**	lit/el	voir: *Floats*
499	**Forced processing; push processing**	fm/proc	*Traitement prolongé; traitement accentué*
500	**Forebath**	chem/proc	*Prébain; bain préliminaire*
501	**Forensic photography**	phg/med	voir: *Legal photography*
502	**Formaldehyde; formic aldehyde; methanal**	chem/proc	*Aldéhyde formique; méthanal*
503	**Formic aldehyde**	chem/proc	voir: *Formaldehyde*
504	**Frame counter**	cam/fm/acc	*Compteur d'images*
505	**Frame roll**	tv/proj	*Glissement de l'image; défilement vertical de l'image*
506	**Frames per second (FPS)**	cam/proj	*Images (par) seconde (IPS)*
507	**Framing device**	cam/proj/app	*Dispositif de cadrage*
508	**Frequency modulation (FM)**	rd/hf	*Modulation de fréquence (MF)*

N°	English (anglais)	Field (domaine)	French (français)
509	**Frequency inter-leaving**	tv/el	*Répartition des fréquences*
510	**Fresnel lens; step lens; florentine**	opt/cin	*Lentille de Fresnel; lentille à échelons*
511	**Freeze frame; frozen frame; stop frame; hold frame**	cin/eff	*Plan figé; image figée; image bloquée*
512	**Frilling (of coating); reticulation**	em/fm/gen	*Réticulation (émulsion)*
513	**Front lighting**	lit/phg/cin	*Éclairage frontal; éclairage de face*
514	**Front projection optics**	opt/proj	*Système optique à projection frontale*
515	**Front screen projection**	cin/proj	*Projection par réflexion; projection frontale*
516	**Frozen frame**	cin/eff	voir: *Freeze frame*
517	**Full-length film**	cin/tv/proj	voir: *Feature film*
518	**Full-length movie**	cin/tv/proj	voir: *Feature film*

N°	English (anglais)	Field (domaine)	French (français)
519	**Fully transis-torized**	el/app/gen	voir: *Solid state*
520	**Fuzziness (image); blurring**	cin/tv/proj	*Flou (image)*

— G —

N°	English (anglais)	Field (domaine)	French (français)
521	**Gadget box; accessory box; ancillary equipment bag**	cin/tv/acc	*Trousse d'accessoires; boîte d'accessoires*
522	**Gagger; gaggist; gagster; gag writer**	cin/tv	*Scénariste humoriste; auteur comique; . spécialiste du gag*
523	**Gaggist**	cin/tv	voir: *Gagger*
524	**Gagster**	cin/tv	voir: *Gagger*
525	**Gag writer**	cin/tv	voir: *Gagger*
526	**Gain control**	tv/cin/sd	voir: *Volume control*
527	**Galvanometer**	el/app	*Galvanomètre*
528	**Gamma**	em/proc	*Gamma*

N°	English (anglais)	Field (domaine)	French (français)
529	**Gamma control**	em/proc	*Vérification sensitométrique*
530	**Gammagraphy**	phg/xr/ind	*Gammagraphie*
531	**Gantries**	el/lit	voir: *Catwalk*
532	**Gears**	mec/app	*Engrenage*
533	**Gel**	lit/col	voir: *Gelatin*
534	**Gelatin; gel color screen; jelly**	lit/col	*Filtre gélatine; écran diffuseur en gélatine; panneau diffuseur en gélatine*
535	**Gelatinography**	rep/phg	*Gélatinographie*
536	**Generating set**	el/app	voir: *Generator*
537	**Generator; generating set**	el/app	*Générateur (élec.); groupe électrogène*
538	**Generator of pulses**	tv/el	*Générateur d'impulsions*
539	**Generator of test signals**	tv/el	*Générateur de signaux de contrôle*
540	**Generator of time signals**	tv/el	*Générateur de signaux horaires*
541	**Geneva cross; maltese cross**	cam/cin/tv	*Croix de Malte*

N°	English (anglais)	Field (domaine)	French (français)
542	**Geometric distortion**	cin/tv/proj	*Distorsion géométrique*
543	**Getaway; movable scenery**	cin/tv/acc	*Décor mobile*
544	**Ghosting**	tv/vtr/proj	voir: *Écho (image)*
545	**Glenn process**	rec/cin/tv	voir: *Thermo-plastic recording*
546	**Glitch**	cin/vtr/proj	*Interférence en basse fréquence; barres horizontales mobiles*
547	**Gobo**	lit/sd/acc	*Décor intercalaire; nègre; coupe-flux* voir aussi: *Flag*
548	**Graininess; granularity**	fm/tp/proc	*Granularité; granulation; granulosité*
549	**Granularity**	fm/tp/proc	voir: *Graininess*
550	**Graphic data processing**	comp/el/ind	*Traitement de l'information graphique*
551	**Graticule lines; reticle; cross hairs**	opt/cam	*Lignes de cadrage (viseur); guide de cadrage; graticule*

N°	English (anglais)	Field (domaine)	French (français)
552	**Grating (signal)**	cam/tv/el	*Grille (électronique)*
553	**Grid**	el/gen	voir: *Gridiron*
554	**Gridiron; grid**	el/gen	*Grille; réseau (élec.)*
555	**Ground-angle view**	opt/exp/cam	voir: *Worm's eye view*
556	**Ground glass**	opt/gen	*Verre dépoli*
557	**Ground noise**	sd/rd	voir: *Background noise*
558	**Ground wire**	el/gen	voir: *Earth wire*
559	**Grounding conductor**	el/gen	voir: *Earth wire*
560	**Guide shoe**	mec/app	*Patin de guidage*
561	**Gunmike**	mic/el	voir: *Ultra-directional mike*

— H —

N°	English (anglais)	Field (domaine)	French (français)
562	**H and D curve**	em/proc/ed	voir: *Characteristic curve*
563	**Half-back lighting**	lit/el	*Éclairage latéral d'ambiance*
564	**Halides**	em/chem/proc	*Halogénures; haloïdes*
565	**Halogen-cycle lamp; iodine-quartz lamp; jacketed lamp; quartz-iodine lamp**	lit/proj	*Lampe halogène; ampoule halogène*
566	**Ham (radio)**	rd/el	*Radioamateur*
567	**Hard picture; harsh picture**	phg/cin/ed	*Image surcontrastée; image dure*

N°	English (anglais)	Field (domaine)	French (français)
568	**Hardener; tanner**	chem/proc	*Agent tannant; agent de durcissement*
569	**Hardening bath; tanning bath**	chem/proc	*Bain tannant; bain de durcissement*
570	**Hardness**	fm/ed	*Surcontraste; excès de contraste*
571	**Harmonic distortion**	sd/hf/el	*Distorsion harmonique*
572	**Harsh picture**	phg/cin/ed	voir: *Hard picture*
573	**Head (control)**	sd/rec/vtr	*Tête (de contrôle)*
574	**Head leader**	fm/tp	voir: *Start leader*
575	**Head receiver**	sd/rec/app	voir: *Earset*
576	**Heading**	fm/ed	*Titre; sous-titre*
577	**Headline**	fm/ed	*Gros titre; titre-vedette*
578	**Headset**	sd/rec/app	voir: *Earset*
579	**Heat-absorbing filter**	opt/proj	voir: *Heat filter*

N°	English (anglais)	Field (domaine)	French (français)
580	**Heat filter; heat-absorbing filter**	opt/proj	*Filtre anticalorique; filtre catathermique*
581	**Helicopter cinematography; helishooting (cin); helifilming**	cin/cam	*Hélicinématographie; hélifilmage* voir aussi: *Aerial cinematography*
582	**Helicopter photography; heliphotography**	phg/cam	*Héliphotographie* voir aussi: *Aerial photography*
583	**Helifilming**	cin/cam	voir: *Helicopter cinematography*
584	**Heliogravure**	rep/phg/ed	voir: *Photogravure*
585	**Helios**	lit/phg/cin	voir: *Luminance*
586	**Heliphotography**	phg/cam	voir: *Helicopter photography*
587	**Helishooting (cin)**	cin/cam	voir: *Helicopter cinematography*
588	**Hertzian wave (generic)**	el/rd	voir: *Microware (specific)*
589	**Hifi**	sd/rec/hf	voir: *High fidelity*
590	**High angle shot**	cin/tv	voir: *Bird's eye view*

N°	English (anglais)	Field (domaine)	French (français)
591	**High-contrast image**	fm/ed	*Image à grand contraste;* *image à haute définition*
592	**High fidelity;**	sd/rec/hf	*Haute-fidélité*
593	**High frequency**	el/tv/gen	*Haute fréquence*
594	**High-key lighting**	lit/ed/proj	*Éclairage haute valeur;* *éclairage «high key»*
595	**High-lights (image)**	fm/ed	*Hautes lumières (image);* *plages lumineuses*
596	**High-power lens**	opt/exp	voir: *Fast lens*
597	**High-pressure lamp**	lit/el	*Lampe à surpression;* *lampe à haute pression*
598	**High-speed camera**	cam/app	*Caméra ultra-rapide*
599	**High-speed computer**	comp/el/app	*Ordinateur à grande vitesse*
600	**High-speed fixing bath**	chem/proc	*Bain de fixage rapide*
601	**High-speed flash**	phg/exp/el	voir: *Electronic flash*

N°	English (anglais)	Field (domaine)	French (français)
602	**High-speed lens**	opt/exp	voir: *Fast lens*
603	**High speed photography**	phg/eff/ind	*Photographie ultra-rapide*
604	**Hold frame**	cin/eff	voir: *Freeze frame*
605	**Honeycomb lens; multicellular lens**	opt/exp	*Lentille multicellulaire; lentille à cloisonnement cellulaire*
606	**Horizontal hunting**	tv/cin/proj	voir: *Jitter*
607	**Horizontal power**	tv/proj	voir: *Line frequency*
608	**Horror lighting**	lit/app/eff	voir: *Lighting from below*
609	**Hot lights; key-lights; main lights**	cin/lit/el	*Éclairage principal; éclairage de haute intensité*
610	**Hot shoe (electronic flash)**	lit/el	*Griffe active (flash électronique)*
611	**Hot splicing**	ed/fm/tp	*Collage à chaud; collure à chaud*
612	**Hot spot**	tv/opt/proj	voir: *Womp*
613	**Hum**	rd/sd/tv	*Ronflement; effet de ronflement*
614	**Hypo bath**	chem/proc	*Bain d'hyposulfite (de sodium); bain de fixage*

N°	English (anglais)	Field (domaine)	French (français)
615	**Hypo eliminator; thiosulfate eliminator**	chem/proc	*Éliminateur d'hyposulfite; éliminateur de thiosulfate*
616	**Hypersensitization**	fm/proc/ed	*Hypersensibilisation*

— I —

N°	English (anglais)	Field (domaine)	French (français)
617	**Iconometer**	opt/exp/phg	*Iconomètre*
618	**Identification camera**	phg/ind/xr	*Appareil d'identification photographique; appareil de photo-identification*
619	**Identification head leader; identification leader**	cin/fm/tp	*Amorce du film (début); amorce identificatrice (début du film)*
620	**Identification leader**	cin/fm/tp	voir: *Identification head leader*
621	**Identification number; type number**	fm/tp/gen	*Numéro d'identification*
622	**Identification symbol**	mcf/el/proj	*Symbole d'identification; sigle d'identification*

N°	English (anglais)	Field (domaine)	French (français)
623	**Identification tail leader; identification trailer**	cin/fm/tp	*Amorce de fin de bobine; amorce identification (fin de bobine)*
624	**Identification trailer**	cin/fm/tp	voir: *Identification tail leader*
625	**Idle pulley**	cin/proj/mec	voir: *Idler*
626	**Idle roller**	cin/proj/mec	voir: *Idler*
627	**Idler; idle pulley; idle roller**	cin/proj/mec	*Pignon libre; galet libre; poulie folle*
628	**Illumination**	lit/el	*Éclairement; éclairage; illumination*
629	**Illumination meter; illuminometer**	exp/lit/el	*Luxmètre; photomètre; posemètre*
630	**Illuminator; negatoscope; neg viewer; roentgenoscope**	proj/xr	*Négatoscope; écran de lecture (clichés radiographiques)*
631	**Illuminometer**	exp/lit/el	voir: *Illumination meter*
632	**Image; picture**	phg/cin/tv	*Image; vue; cliché*

N°	English (anglais)	Field (domaine)	French (français)
633	**Image area; picture area**	cin/tv/proj	*Surface d'image; plage de projection*
634	**Image carrier**	tv/el	*Onde porteuse d'images*
635	**Image contraction**	tv/cin/proj	*Reserrement de l'image; contraction de l'image*
636	**Image control; image location**	mcf/el	*Sélection des images; repérage des images; localisation des clichés microfilmés*
637	**Image control keyboard**	mcf/el/app	*Clavier de présélection des images; clavier de recherche des images*
638	**Image control method**	mcf/el/app	*Système de recherche des images; procédé de localisation des images*
639	**Image count display**	mcf/comp/app	*Sélecteur numérique des clichés microfilmés*
640	**Image detail; picture definition**	phg/cin/tv	*Détail de l'image; précision de l'image*

N°	English (anglais)	Field (domaine)	French (français)
641	**Image enhancer**	tv/el/app	*Rehausseur d'images; accentuateur de contours*
642	**Image interference**	tv/proj	*Interférence vidéo; interférence d'image*
643	**Image location**	mcf/el	voir: *Image control*
644	**Image packing**	tv/vtr/proj	voir: *Picture compression*
645	**Image processing**	comp/el	*Traitement des images*
646	**Image registration**	proj/app	*Ajustage de l'image*
647	**Image rotation**	mcf/proj	*Rotation des images*
648	**Immersion period**	fm/chem/proc	voir: *Stay period (chem bath)*
649	**Impingement dryer (film)**	proc/app	*Séchoir à impact (film)*
650	**Impingement drying system**	proc/app	*Système de séchoir à impact*
651	**Inactinic filter**	fm/fil/proc	voir: *Inactinic screen*
652	**Inactinic light; safelight; safety light; nonactinic light**	lit/proc	*Éclairage inactinique; éclairage de sûreté*

N°	English (anglais)	Field (domaine)	French (français)
653	**Inactinic screen; inactinic filter; safelight filter**	fm/fil/proc	*Écran inactinique; écran de sûreté; filtre inactinique*
654	**Inactinism**	lit/proc	*Inactinisme*
655	**Incandescent lighting**	lit/el	*Éclairage à incandescence*
656	**Incidental music**	rd/sd/tv	*Musique d'appoint; programme musical de complément; musique scénique*
657	**Incoming feed**	tv/rd/el	*Signal d'entrée*
658	**Incremental gain**	tv/el	*Gain différentiel*
659	**Index of refraction**	opt/gen	*Indice de réfraction*
660	**Index system; indexing system**	mcf/comp/gen	*Système d'indexage; procédé d'indexage*
661	**Indexing system**	mcf/comp/gen	voir: *Index system*
662	**Indicator light; pilot light**	lit/el	*Lampe-témoin; lampe-pilote*
663	**Indirect lighting**	lit/el	*Éclairage indirect*
664	**Industrial cinematography**	cin/ind	*Cinématographie industrielle*

N°	English (anglais)	Field (domaine)	French (français)
665	**Industrial photography**	phg/ind	*Photographie industrielle*
666	**Industrial radiography; industrial X-raying**	phg/cin/xr	*Radiographie industrielle*
667	**Industrial television**	tv/ind	*Télévision industrielle*
668	**Industrial X-raying**	phg/cin/xr	voir: *Industrial radiography*
669	**Infinity**	phg/cin/exp	*Infini*
670	**Infinity focusing**	phg/cin/exp	*Mise au point sur l'infini*
671	**Information; data**	comp/gen	*Information; données*
672	**Information management**	mcf/comp	voir: *Management of information*
673	**Information processing**	comp/gen	voir: *Data processing*
674	**Information retrieval**	comp/mcf/el	*Recherche de l'information; repérage de l'information; localisation des données*
675	**Infrared; ultrared**	opt/lit	*Infrarouge; ultrarouge*

N°	English (anglais)	Field (domaine)	French (français)
676	**Inky-dinky; keg; midget spot**	lit/el	*Microprojecteur; minispot*
677	**Input bay**	tv/el	*Baie (d'appareillage) d'entrée*
678	**Input data; input information**	comp/el	*Données d'entrée; intrants*
679	**Input drive pulse**	tv/col/el	*Signal de déclenchement d'entrée*
680	**Input information**	comp/el	voir: *Input data*
681	**Instant-on TV set**	tv/el/app	*Téléviseur à mise en marche instantanée*
682	**Instant photo**	phg/ind/gen	*Photo-minute; taxiphoto; taxiphotographie*
683	**Instant photo booth**	phg/ind/gen	*Cabine de photo automatique; cabine de taxiphotographie; cabine taxiphoto*
684	**Instant playback (projector/recorder)**	cin/proj/app	*Lecture instantanée (projecteur/enregistreur)*
685	**Instant replay**	vtr/proj/app	*Reprise instantanée*

N°	English (anglais)	Field (domaine)	French (français)
686	**Integral leader (which is part of the film stock)**	fm/gen	*Amorce intégrée*
687	**Intensifier**	chem/proc	*Renforçateur; produit de renforcement*
688	**Intensifying bath**	fm/chem/proc	*Bain de renforcement*
689	**Intensifying screen**	xr/proj	*Écran renforçateur*
690	**Intercepting screen**	lit/sd/acc	voir: *Flag*
691	**Intercom; talk-back**	mic/sd/el	*Interphone*
692	**Intercutting**	fm/tp/ed	voir: *Cross-cutting*
693	**Interface**	comp/el	*Interface; adapteur-jonction*
694	**Interference mirror**	proj/acc	voir: *Cold mirror*
695	**Interference photography; Lippmann color photography**	col/phg	*Photographie interférentielle; photographie couleur Lippmann*
696	**Interlinking**	tv/cin/app	voir: *Interlock*
697	**Interlock; interlocking; interlinking**	tv/cin/app	*Verrouillage; couplage; jonction*

N°	English (anglais)	Field (domaine)	French (français)
698	**Interlocking**	tv/cin/app	voir: *Interlock*
699	**Interlock motor; selsyn motor**	cam/proj/app	*Moteur de synchronisation*
700	**Intermediate neg**	cin/col/proc	voir: *Interneg*
701	**Intermediate positive (color)**	cin/col/proc	voir: *Interpositive*
702	**Intermittent contact printer; step-by-step contact printer**	fm/proc/mec	*Tireuse contact par intermittence*
703	**Intermittent optical printer; step-by-step optical printer**	fm/proc/opt	*Tireuse optique par intermittence*
704	**Intermittent sprocket**	cin/proj/mec	*Pignon d'escamotage intermittent*
705	**Interneg; internegative; intermediate neg (color)**	cin/col/proc	*Internégatif; négatif intermédiaire (couleur)*
706	**Internegative**	cin/col/proc	voir: *Interneg*
707	**Interpositive; intermediate positive (color)**	cin/col/proc	*Interpositif; positif intermédiaire (couleur)*
708	**Iodine-quartz lamp**	lit/proj	voir: *Halogen-cycle lamp*

N°	English (anglais)	Field (domaine)	French (français)
709	**ISO (International Standardization Association)**	cin/tv/fm	*ISO (Organisation internationale de normalisation)*
710	**Isotropic**	opt/gen	*Isotropique*

— J —

N°	English (anglais)	Field (domaine)	French (français)
711	**Jack; jack terminal**	el/acc	*Jack; fiche femelle*
712	**Jack panel**	el/comp/app	*Tableau de connexions; panneau de commutation*
713	**Jack terminal**	el/acc	voir: *Jack*
714	**Jacket**	rec/rep/mcf	*Jacquette; jacket; pochette*
715	**Jacketed lamp**	lit/proj	voir: *Halogen-cycle lamp*
716	**Jamming**	tv/rd/sd	*Brouillage volontaire; interférence arbitraire*

N°	English (anglais)	Field (domaine)	French (français)
717	**Jelly**	lit/col	voir: *Gelatin*
718	**Jena glass**	opt/gen	*Verre d'Iéna; verre de précision*
719	**Jenny; portable generator**	el/app	*Groupe électrogène; génératrice portative*
720	**Jiggling**	cin/tv/proj	*Mouvement latéral rapide; sautillement latéral de l'image*
721	**Jitter; horizontal hunting**	cin/tv/proj	*Instabilité horizontale de l'image; décrochage horizontal; instabilité de synchronisation*
722	**Jockey wall; wild wall**	cin/acc	*Panneau transportable (décor); décor amovible*
723	**Jogger**	rep/mec/app	*Dispositif d'empilage; dispositif de taquage*
725	**Joint; link**	mec/acc/gen	*Articulation; joint*
726	**Juke box**	sd/rep	*Boîte à musique; phono mécanique*

N°	English (anglais)	Field (domaine)	French (français)
727	**Jump cut (general)**	cin/tv/eff	*Ellipse filmique; élimination de séquence*
728	**Jump cut (CBC/ Radio-Canada)**	cin/tv/eff	*Raccord arbitraire; coupure syncopée*
729	**Jump-in brightness**	tv/cin/proj	*Surintensité momentanée*
730	**Jumping; vertical hunting**	tv/cin/proj	*Instabilité verticale; sautillement vertical de l'image*

— K —

N°	English (anglais)	Field (domaine)	French (français)
731	**Keg**	lit/el	voir : *Inky-dinky*
732	**Kelvinometer**	col/phg/cin	voir : *Color meter*
733	**Keratography; ophtalmic photography**	phg/med	*Kératographie; photographie ophtalmique*
734	**Kerr-cell shutter system**	exp/tv/cam	*Système d'obturation Kerr ultra-rapide; déclencheur à cellule de Kerr*
735	**Kerr effect; electrical birefringence**	opt/eff	*Phénomène de Kerr; biréfringence électrique*
736	**Keyboard**	mec/mcf/comp	*Clavier; tableau de commande*

N°	English (anglais)	Field (domaine)	French (français)
737	**Keyboard printer**	comp/el/app	*Imprimante à clavier*
738	**Key-lights**	cin/lit/el	voir: *Hot lights*
739	**Key numbers**	fm/tp/ed	voir: *Edge numbers*
740	**Keypunch**	comp/app	*Perforatrice à clavier; multiperforatrice*
741	**Keystone distortion; trapezium distortion**	cin/tv/proj	*Distorsion en clé de voûte; distorsion en trapèze*
742	**Kicker light**	lit/el	*Éclairage d'accentuation*
743	**Kine**	tv/proj/app	voir: *Kinescope*
744	**Kinescope; kine**	tv/proj/app	*Tube à images TV; cinéscope*
745	**Kinescope recording; telerecording; teletranscription**	rec/tv/proj	*Cinégramme; enregistrement cinéscopique*
746	**Kinetic energy**	mec/gen	*Énergie cinétique*
747	**Kirlian photography**	cin/phg/el	*Photographie kirlienne*

N°	English (anglais)	Field (domaine)	French (français)
748	**Kit**	acc/gen	*Ensemble; nécessaire; trousse*
749	**Klieg light; sunlight lamp**	lit/el	*Projecteur grand-angle*
750	**Knifing; scraping; dry retouching**	fm/phg/ed	*Grattage; retouche au grattoir*

— L —

N°	English (anglais)	Field (domaine)	French (français)
751	**Lab**	proc/ed	voir: *Laboratory*
752	**Label**	comp/mcf/gen	*Indicatif; étiquette; label*
753	**Laboratory; lab**	proc/ed	*Laboratoire; labo*
754	**Lack of definition; lack of sharpness**	cin/tv/proj	*Manque de netteté (image); manque de précision*
755	**Lack of sharpness**	cin/tv/proj	voir: *Lack of definition*
756	**Lacquer; varnish**	fm/ed	*Laque; vernis*
757	**Lamp adaptor**	lit/el/acc	*Douille voleuse; culot adaptable*

N°	English (anglais)	Field (domaine)	French (français)
758	**Lamp centering**	lit/proj	*Centrage de la lampe*
759	**Lamp cord**	lit/acc	*Fil de lampe; cordon de lampe*
760	**Lamp mount**	lit/acc	voir: *Lamp socket*
761	**Lamp park**	lit/cin/tv	voir: *Lighting batten*
762	**Lamp socket; lamp mount**	lit/acc	*Douille de lampe*
763	**Landscape photog-raphy**	phg/gen	*Photographie paysagiste*
764	**Lapel mike; neck mike**	mic/el/app	*Micro-sautoir; micro-cravate*
765	**Large screen television**	tv/proj/app	*Télévision grand écran*
766	**Larsen effect**	mic/sd/el	voir: *Microphony*
767	**Latensification**	chem/proc	*Renforcement de l'image latente; latensification*
768	**Latent image**	em/chem/proc	*Image latente*
769	**Layer**	em/fm/tp	voir: *Emulsion*
770	**Lead**	cin/fm/tp	voir: *Leader (film)*
771	**Leader (film); lead; leader strip**	cin/fm/tp	*Amorce (film); bande amorce*

N°	English (anglais)	Field (domaine)	French (français)
772	**Leader strip**	cin/fm/tp	voir: *Leader (film)*
773	**Legal photography; forensic photography**	phg/med	*Photographie médico-légale*
774	**Lens**	opt/cam/proj	*Objectif simple; lentille*
775	**Lens aperture**	opt/cam/exp	*Ouverture de l'objectif*
776	**Lens axis**	opt/phg/exp	*Axe de l'objectif*
777	**Lens coverage**	phg/cin/exp	voir: *Field of view*
778	**Lens mount**	opt/acc	*Monture d'objectif*
779	**Lens range converter**	tv/col/acc	*Convertisseur de longueur focale*
780	**Lens system**	opt/app	*Objectif multi-lentille; système de lentilles*
781	**Lens turret**	opt/cam/acc	*Tourelle d'objectifs*
782	**Letterpress printing**	rec/rep	voir: *Typography*
783	**Level sync**	fd/sd/ed	voir: *Level synchronization*
784	**Level synchronization; level sync; editorial sync**	fd/sd/ed	*Synchronisation image/son*

N°	English (anglais)	Field (domaine)	French (français)
785	**Library footage**	fm/ed/gen	voir: *Stock shot*
786	**Light bar**	lit/cin/tv	voir: *Lighting batten*
787	**Light beam**	lit/gen	*Faisceau lumineux*
788	**Light density**	lit/opt	*Densité optique*
789	**Light-diffusing screen**	cin/lit/eff	voir: *Scrim*
790	**Light diffusion**	lit/eff	*Diffusion de la lumière*
791	**Light dolly; light truck**	lit/app/mec	*Chariot porte-lampe; chariot d'éclairage*
792	**Light flint; flint glass**	opt/acc	*Flint léger; flint-glass; verre plombifère dispersif*
793	**Light intensity**	lit/gen	*Intensité lumineuse*
794	**Light output; light yield**	lit/exp/gen	*Flux lumineux; rendement lumineux*
795	**Light pen**	comp/el/acc	*Photostyle; marqueur électronique*

N°	English (anglais)	Field (domaine)	French (français)
796	**Light print**	phg/exp/proc	*Copie à faible contraste; épreuve sousexposée*
797	**Light-sensitive; photosensitive**	em/fm/tp	*Photosensible*
798	**Light truck**	lit/app/mec	voir: *Light dolly*
799	**Light yield**	lit/exp/gen	voir: *Light output*
800	**Lighting batten; lamp park; light bar**	lit/cin/tv	*Porteuse (projecteurs); parc de projecteurs*
801	**Lighting fixture**	lit/el/app	*Luminaire; appareil d'éclairage*
802	**Lighting from above; overhead lighting; sky lighting; top lighting**	lit/eff	*Éclairage en plongée; éclairage d'en haut; éclairage vertical*
803	**Lighting from below; horror lighting**	lit/app/eff	*Éclairage en contre-plongée; éclairage par le bas*
804	**Lighting unit**	lit/app	*Dispositif d'éclairage; bloc d'éclairage*
805	**Line**	tv/proj	*Ligne*

N°	English (anglais)	Field (domaine)	French (français)
806	**Line bend**	tv/proj/eff	voir: *Line tilt*
807	**Line blanking**	tv/el	voir: *Vertical blanking*
808	**Line drive (LD)**	tv/col/el	*Déclenchement ligne*
809	**Line frequency; horizontal power**	tv/proj	*Fréquence de lignes*
810	**Line tilt; line bend**	tv/proj/eff	*Compensation de lignes*
811	**Linearity**	tv/vtr/proj	*Linéarité*
812	**Link**	mec/acc/gen	voir: *Joint*
813	**Lip sync**	rec/fm/rep	voir: *Lip synchronization*
814	**Lip synchronization; lip sync**	rec/fm/rep	*Synchronisation labiale; doublage*
815	**Lippmann color photography**	col/phg	voir: *Interference photography*
816	**Listing**	comp/rec/tp	*Listage; listing; énumération*

N°	English (anglais)	Field (domaine)	French (français)
817	**Live production; live show**	tv/proj	*Réalisation en direct; production en direct; spectacle en direct*
818	**Live show**	tv/proj	voir: *Live production*
819	**Loading slot (projectors)**	proj/app	*Fente de chargement (projecteurs)*
820	**Locating mark**	comp/mcf/gen	voir: *Locator*
821	**Location (image)**	mcf/comp/el	*Localisation de l'image; repérage de l'image*
822	**Locator; locating mark**	comp/mcf/gen	*Repère; marque de repérage*
823	**Lock bolt; lock screw**	mec/acc	*Vis de fixation; vis de blocage*
824	**Lock groove**	sd/red	voir: *Stopping groove*
825	**Lock nut**	mec/acc	*Contre-écrou*
826	**Lock screw**	mec/acc	voir: *Lock bolt*
827	**Locking claw**	cam/proj/app	*Griffe de verrouillage*

N°	English (anglais)	Field (domaine)	French (français)
828	**Long-focus lens; telephoto lens; telelens**	opt/cam/cin	*Téléobjectif; objectif à grande (longueur) focale*
829	**Loudspeaker**	sd/rep/app	*Haut-parleur*
830	**Loudspeaker baffle**	sd/acc	*Écran de haut-parleur; enceinte acoustique*
831	**Low-angle view**	opt/exp/cam	voir: *Worm's eye view*
832	**Low contrast picture**	cin/tv/proj	voir: *Flat image*
833	**Low-key lighting**	lit/ed/proj	*Éclairage faible; éclairage «low-key»*
834	**Lower gearwheel; bottom sprocket**	cam/proj/mec	*Pignon inférieur; roue dentée inférieure*
835	**Luminance; helios; brightness**	lit/phg/cin	*Luminance; brillance; éclat apparent*
836	**Luxmeter**	opt/lit/app	*Luxmètre*

— M —

N°	English (anglais)	Field (domaine)	French (français)
837	**Machine language; computer language**		*Langage ordinationnel; langage-machine*
838	**Macrocinematography**	cin/opt/ed	*Macrocinématographie*
839	**Macrolens**	opt/exp	*Macro-objectif*
840	**Macrophotography**	phg/opt/proc	*Macrophotographie*
841	**Magic eye**	exp/phg/cin	*Oeil magique*
842	**Magnetic deflection**	tv/ell/eff	*Déviation magnétique*
843	**Magnetic head; magnetic sound head**	sd/rec/acc	*Tête de lecture magnétique; tête magnétique*
844	**Magnetic loudspeaker**	hf/sd/app	*Haut-parleur magnétique*

N°	English (anglais)	Field (domaine)	French (français)
845	**Magnetic recording; magnetic sound recording**	sd/rec/el	*Enregistrement magnétique*
846	**Magnetic sound head**	sd/rec/acc	voir: *Magnetic head*
847	**Magnetic sound recording**	sd/rec/el	voir: *Magnetic recording*
848	**Magnetic stripe; stripe**	sd/rec/el	*Piste couchée; piste magnétique*
849	**Magnetic striping**	tp/sd/rec	*Couchage magnétique; pistage magnétique*
850	**Magnetic tape**	tp/sd/acc	*Ruban magnétique; bande magnétique*
851	**Magnification ratio; enlargement scale**	mcf/opt/ed	*Rapport d'agrandissement; taux d'agrandissement; rapport d'amplification*
852	**Magnifier**	opt/gen	voir: *Magnifying glass*
853	**Magnifying glass; magnifying lens; magnifier**	opt/gen	*Loupe; verre grossissant*

N°	English (anglais)	Field (domaine)	French (français)
854	**Magnifying lens**	opt/gen	voir: *Magnifying glass*
855	**Main film**	cin/tv/proj	voir: *Feature film*
856	**Main lights**	cin/lit/el	voir: *Hot lights*
857	**Main power supply**	el/gen	*Source principale de courant; alimentation électrique principale*
858	**Main switch**	el/acc	voir: *Master switch*
859	**Mains (electric system)**	el/gen	*Secteur (électricité); réseau (électrique) urbain*
860	**Mains switch**	el/app	*Interrupteur secteur; disjoncteur réseau (électrique)*
861	**Maltese cross**	cam/cin/tv	voir: *Geneva cross*
862	**Mammography**	med/xr	*Mammographie*
863	**Mammography X-ray film**	fm/md/xr	*Film radiographique pour mammographie*
864	**Management of information; information management**	mfc/comp	*Gestion de l'information*

N°	English (anglais)	Field (domaine)	French (français)
865	**Manual processing (film)**	fm/proc	*Traitement manuel (film)*
866	**Manual retrieval (information)**	mcf/gen	*Repérage manuel des données; recherche manuelle (information)*
867	**Market photography**	phg/gen	*Photographie foraine*
868	**Married print**	fm/cin/ed	voir: *Final print*
869	**Married sound**	sd/fm/tp	*Son associé (à l'image)*
870	**Mask; matte**	fm/eff/acc	*Masque; matte; cache*
871	**Masking; matting**	fm/proj/eff	*Masquage; trucage (à l'aide de mattes)*
872	**Master antenna**	tv/sd/app	*Antenne commune*
873	**Master control; central control**	tv/rd	*Régie centrale; régie finale*
874	**Master file**	comp/mcf/gen	*Dossier principal*
875	**Master monitor**	tv/proj/app	voir: *On-the-air monitor*
876	**Master print (film)**	cin/fm/ed	*Copie étalon (film)*

N°	English (anglais)	Field (domaine)	French (français)
877	**Master switch; main switch**	el/acc	*Interrupteur général; disjoncteur principal*
878	**Match monitor (TV)**	tv/col/app	*Écran de comparaison (TV)*
879	**Matte**	fm/eff/acc	voir: *Mask*
880	**Matting**	fm/proj/eff	voir: *Masking*
881	**McAllister spotlight**	lit/cin/tv	voir: *Tiny Mac*
882	**Medical cinematography**	cin/med	*Cinématographie médicale*
883	**Medical film**	fm/med	*Film médical*
884	**Medical photography**	phg/med	*Photographie médicale*
885	**Medical radiography; medical X-raying**	phg/med/xr	*Radiographie médicale*
886	**Medical X-ray film**	fm/med/xr	*Film radiographique médical*
887	**Medical X-raying**	phg/med/xr	voir: *Medical radiography*

N°	English (anglais)	Field (domaine)	French (français)
888	**Mercury vapor lamp; Cooper Hewitt lamp; metal arc lamp**	cin/lit/el	*Lampe à vapeur de mercure; lampe Cooper Hewitt lampe métal-arc*
889	**Metal arc lamp**	cin/lit/el	voir: *Mercury vapor lamp*
890	**Methanal**	chem/proc	voir: *Formaldehyde*
891	**Microcinematog-raphy**	cin/opt/ed	*Microcinémato-graphie*
892	**Microfiche**	mcf/rec	*Microfiche*
893	**Microfile**	mcf/rec/gen	*Microdossier*
894	**Microfilm**	mcf/fm	*Microfilm*
895	**Microfilm copy**	mcf/rep	*Microcopie*
896	**Microfilm system**	mcf/app	*Système de micro-filmage; appareil de micro-copiage*
897	**Microfilmer (camera); microfilming camera**	mcf/app	*Appareil de micro-filmage; caméra de microfil-mage; microfilmeur*

N°	English (anglais)	Field (domaine)	French (français)
898	**Microfilmer (operator)**	mcf/el	*Microfilmeur; microcinéaste (opérateur)*
899	**Microfilming camera**	mcf/app	voir: *Microfilmer (camera)*
900	**Microform**	mcf/rep	*Microformule*
901	**Microphone; mike**	mic/el/app	*Microphone; micro*
902	**Microphone boom; mike boom**	mic/cin/rd	*Girafe; perche à micro*
903	**Microphony; Larsen effect**	mic/sd/el	*Microphonie; effet de Larsen; effet micropho-nique*
904	**Microphotography**	phg/opt/proc	*Microphotographie*
905	**Micropublishing**	mcf/rep	*Micropublication; microédition*
906	**Microradiography; X-ray micrography**	phg/opt/xr	*Microradiographie*
907	**Microscopy**	med/ind/opt	*Microscopie*
909	**Microswitch**	el/acc	*Microcontact; microrupteur*

N°	English (anglais)	Field (domaine)	French (français)
910	**Microwave (specific); hertzian wave (generic)**	el/rd	*Micro-onde (sens spécifique); onde hertzienne (sens générique)*
911	**Midget light**	lit/el	voir: *Baby spotlight*
912	**Midget spot**	lit/el	voir: *Inky-dinky*
913	**Mike**	mic/el/app	voir: *Microphone*
914	**Mike boom**	mic/cin/rd	voir: *Microphone boom*
915	**Miniature setting**	cin/tv/acc	voir: *Diorama*
916	**Miniaturization**	opt/mcf	*Miniaturisation; réduction*
917	**Minibattery**	el/acc	voir: *AA-size battery*
918	**Minigobo**	lit/sd/acc	voir: *Flag*
919	**Module**	tv/rd/app	*Module; élément modulaire*
920	**Monitor**	tv/rd/app	*Appareil de contrôle; appareil-témoin*
921	**Monitor bank**	tv/el/app	*Baie de contrôle*

N°	English (anglais)	Field (domaine)	French (français)
922	**Monitoring loud-speaker; pilot loudspeaker**	cin/tv/sd	*Haut-parleur témoin; haut-parleur de contrôle; haut-parleur de cabine*
923	**Monitoring screen**	tv/vtr/proj	*Écran témoin; écran de contrôle*
924	**Monitoring X-ray film**	fm/med/xr	*Film radiographique de contrôle*
925	**Movable scenery**	cin/tv/acc	voir: *Getaway*
926	**Multicellular lens**	opt/exp	voir: *Honeycomb lens*
927	**Multichannel recording device**	rec/el/app	*Dispositif d'enregistrement à voies multiples; appareil d'enregistrement multipiste*
928	**Multi-exposure**	exp/fm/ed	voir: *Double exposure*
929	**Multipath effect**	tv/vtr/proj	voir: *Echo (image)*
930	**Multiple; ancillary jack**	el/acc	*Multiplage; jack auxiliaire*
931	**Multiscreen presentation**	cin/proj/eff	voir: *Multiscreen show*

N°	English (anglais)	Field (domaine)	French (français)
932	**Multiscreen show; multiscreen presentation**	cin/proj/eff	*Multivision; projection multi-écran*
933	**Mush area**	tv/el/eff	*Zone de distorsion (d'un émetteur)*

— N —

N°	English (anglais)	Field (domaine)	French (français)
934	**Narrow beam spot**	lit/cin/acc	voir: *Rifle spot*
935	**Neck mike**	mic/el/app	voir: *Lapel mike*
936	**Needle time (record)**	sd/rec	*Temps de lecture (disque);* *durée d'un tour de disque*
937	**Neg**	fm/proc	voir: *Negative*
938	**Neg carrier**	fm/opt/ed	voir: *Negative holder*
939	**Neg hold**	fm/opt/ed	voir: *Negative holder*
940	**Neg sleeve**	fm/ed/acc	voir: *Negative envelope*
941	**Neg viewer**	proj/ed/xr	voir: *Illuminator*

N°	English (anglais)	Field (domaine)	French (français)
942	**Negative; neg**	fm/proc	*Négatif*
943	**Negative envelope; neg sleeve**	fm/ed/acc	*Pochette pour négatifs; enveloppe de protection (négatifs)*
944	**Negative file**	fm/ed/app	*Classeur pour négatifs*
945	**Negative holder; neg hold; neg carrier**	fm/opt/ed	*Porte-négatifs; support pour négatifs; passe-vues*
946	**Negative image; reversed image**	tv/vtr/proj	*Image inversée; image négative*
947	**Negative viewing**	mcf/phg/proc	*Examen par transparence; projection par transparence; lecture par transparence*
948	**Negatoscope**	proj/xr	voir: *Illuminator*
949	**Newton rings**	opt/phg/proc	*Anneaux de Newton*
950	**No contrast lighting**	lit/phg/cin	voir: *Flat lighting*
951	**No contrast picture**	cin/tv/proj	voir: *Flat image*
952	**No intensifying screen film**	fm/med/xr	voir: *No-screen X-ray film*

N°	English (anglais)	Field (domaine)	French (français)
953	**Noise peak**	hf/sd/rec	*Crête parasite*
954	**Noise pulse**	sd/rec/el	*Impulsion parasite*
955	**Noiseless camera**	cam/cin/tv	voir: *Blimped camera*
956	**Nonactinic light**	lit/proc	voir: *Inactinic light*
957	**Non additive mixing (images)**	tv/eff	*Mélange non additif (images)*
958	**Nonconducting**	el/gen	voir: *Nonconductor*
959	**Nonconductor; nonconducting**	el/gen	*Nonconducteur*
960	**Nondeforming film; dimensionally stable stock**	fm/ed	*Pellicule non-déformante; film à stabilité dimensionnelle*
961	**Nondeforming tape**	tp/ed	*Ruban non-déformant; bande à stabilité dimensionnelle*
962	**Nondirectional microphone; omnidirectional mike**	mic/el/app	*Microphone omnidirectionnel*
963	**Nondistorting lens; orthoscopic lens; rectilinear lens**	opt/acc	*Objectif rectilinéaire; objectif orthoscopique*

N°	English (anglais)	Field (domaine)	French (français)
964	**Nonflammable film**	fm/tp	voir: *Safety film*
965	**Nonlinearity**	tv/vtr/proj	*Nonlinéarité*
966	**Non verbal cue; visual cue**	tv/rd/gen	*Signal visuel; top visuel*
967	**No-screen X-ray film; no intensifying screen film**	fm/med/xr	*Film radiographique sans écran renforçateur*
968	**Nuclear photography**	phg/el/ind	*Photographie nucléaire*
969	**Nucleus (nuclei); concentration speck**	em/chem/proc	*Germe (de développement); germe de sensibilité*
970	**Numerical control**	comp/el/acc	*Commande numérique*

— O —

N°	English (anglais)	Field (domaine)	French (français)
971	**Observation hole**	cin/proj/gen	voir: *Observation port*
972	**Observation port; observation hole**	cin/proj/gen	*Fenêtre d'observation; hublot d'observation*
973	**Oceanographic cinematography**	cin/rec/gen	*Cinématographie océanographique*
974	**Oceanographic photography (stills)**	phg/rec/gen	*Photographie océanographique*
975	**Off**	app/mec/gen	*Arrêt; fermé; hors circuit*
976	**Off-camera; off-screen; voice-over**	cin/tv/eff	*Hors champ (narration); hors de l'écran*

N°	English (anglais)	Field (domaine)	French (français)
977	**Off-camera flash**	lit/phg/acc	*Flash à télédé-clenchement*
978	**Off-line operation**	comp/el	*Traitement en différé;* *traitement auto-nome;* *traitement périphé-rique*
979	**Off-mike**	mic/eff	*Hors micro (lecture)*
980	**Off-screen**	cin/tv/eff	voir: *Off-camera*
981	**Omnidirectional mike**	mic/el/app	*Microphone omnidirectionnel*
982	**On**	app/mec/gen	*Marche;* *ouvert;* *en circuit*
983	**On-air; on-the-air**	rd/tv/gen	*En ondes*
984	**On-camera; on-screen**	cin/tv/proj	*En champ;* *à l'écran*
985	**On-mike**	mic/eff	*Devant le micro;* *dans le micro*
986	**On-off**	el/acc	*Interrupteur*
987	**On-screen**	cin/tv/proj	voir: *On-camera*
988	**On-the-air**	rd/tv/gen	voir: *On-air*

N°	English (anglais)	Field (domaine)	French (français)
989	**On-the-air monitor; master monitor; final output monitor**	tv/proj/app	*Écran-témoin d'antenne; écran-témoin de prétransmission; écran-contrôle de préprojection*
990	**Opacity**	chem/lit/eff	*Opacité*
991	**Opaque projector**	proj/app	voir: *Episcope*
992	**Open-line broad-cast**	tv/rd	voir: *Open-line show*
993	**Open-line show; open-line broad-cast**	tv/rd	*Tribune télépho-nique; émission-téléphone*
994	**Ophtalmic photog-raphy**	phg/med	voir: *Keratography*
995	**Optical axis; visual axis**	cin/tv/opt	*Axe optique*
996	**Optical condenser (projector)**	cin/tv/proj	*Condenseur optique (projecteur)*
997	**Optical density**	em/exp	*Densité optique*
998	**Optical effects**	opt/eff/ed	voir: *Opticals*
999	**Optical light filter**	tv/fil/proj	*Filtre optique antiréflexion*
1000	**Optical printing**	fm/proc	*Tirage optique*

N°	English (anglais)	Field (domaine)	French (français)
1001	**Optical sensitization**	em/exp	*Sensibilisation optique*
1002	**Optical system**	cin/tv/proj	*Ensemble optique; système optique*
1003	**Optical viewfinder**	cin/tv/cam	*Viseur optique*
1004	**Opticals; optical effects**	opt/eff/ed	*Trucage optique; effets optiques spéciaux*
1005	**Orthophotic emulsion**	fm/exp/proc	*Émulsion orthophotique*
1006	**Orthoscopic lens**	opt/acc	*Objectif orthoscopique*
1007	**Output system patch**	tv/col/el	*Répartiteur de sortie*
1008	**Outside broadcast; field pick-up; remote**	tv/cin/rec	*Reportage; filmage extérieur*
1009	**Outside broadcasting equipment; field pick-up equipment**	tv/cin/app	*Équipement de reportage; équipement pour filmage extérieur*
1010	**Out-takes; film waste; rejects; throwaways**	fm/cin/ed	*Déchets de film; rebuts (pellicule); chutes de film*

N°	English (anglais)	Field (domaine)	French (français)
1011	**Overall contrast factor**	em/exp/ed	*Facteur de contraste total*
1012	**Overdeveloped; cooked**	fm/proc	*Surcontrasté; surdéveloppé*
1013	**Overexposure; burning-up**	exp/fm/proc	*Surexposition; décontrasté*
1014	**Overexposure tolerance**	fm/exp/proc	*Seuil de surexposition; latitude de surexposition*
1015	**Overhead lighting**	lit/eff	voir: *Lighting from above*
1016	**Overhead projector**	proj/app	*Rétroprojecteur; épidiascope*
1017	**Overlapping (images)**	cin/tv/proj	*Chevauchement (images)*
1018	**Overlays and inserts; photomontages**	fm/phg/ed	*Photomontages*
1019	**Overreplenishment (chemical solutions)**	chem/proc	*Surrégénération (bains chimiques)*
1020	**Overriding (signals)**	rec/el	*Assujettissement (signaux)*

N°	English (anglais)	Field (domaine)	French (français)
1021	**Oversaturation (chemical solutions)**	chem/proc	*Sursaturation (bains chimiques)*
1022	**Ozobrome process; carbro processing**	phg/chem/ed	*Ozobromie; procédé ozobrome; méthode de développement carbro*
1023	**Ozotype process**	phg/chem/ed	*Ozotypie (méthode d'impression sur papier pigmenté)*

— P —

N°	English (anglais)	Field (domaine)	French (français)
1024	**Packing density**	mcf/rec/el	*Densité d'enregistrement*
1025	**Paging device**	sd/el/app	voir: *Paging system*
1026	**Paging system; paging device**	sd/el/app	*Téléavertisseur*
1027	**Pairing**	tv/el	*Pairage;* *défaut d'entrelacement des lignes*
1028	**Pan shot**	cin/tv/cam	voir: *Panning*
1029	**Panavision**	cin/proj	*Panavision*
1030	**Panchromatic vision filter;** **PV filter**	fil/cam/acc	*Filtre panchrovision;* *filtre de vision panchromatique*

N°	English (anglais)	Field (domaine)	French (français)
1031	**Panning; pan shot**	cin/tv/cam	*Panoramique; filmage en panoramique*
1032	**Parabolic reflector mike**	mic/el/app	*Micro à réflecteur parabolique*
1033	**Parallel flow dryer**	proc/app	*Séchoir à courant parallèle*
1034	**Parallel flow drying system**	proc/app	*Système de séchage à courant parallèle*
1035	**Patch board; patch panel**	el/app	*Tableau de répartition; répartiteur*
1036	**Patch cord**	el/acc	*Cordon de raccordement*
1037	**Patch panel**	el/app	voir: *Patch board*
1038	**Pattern generator**	tv/el/proj	*Mire électronique; générateur de mire*
1039	**Peak voltage**	tv/comp/el	*Tension de crête*
1040	**Pearl bulb**	lit/proc	*Ampoule doucie*
1041	**Penetrating power**	xr/med/ind	*Pouvoir de pénétration*
1042	**Penetrating radiation**	fm/xr	*Radiation nocive; ionisation indésirable*

N°	English (anglais)	Field (domaine)	French (français)
1043	**Penlight battery**	el/acc	voir: *AA-size battery*
1044	**Perforated screen; sound-film screen**	cin/sd/proj	*Écran perforé*
1045	**Periscope**	opt/app	*Périscope*
1046	**Periscopic lens**	opt/cam/acc	*Objectif périscopique*
1047	**Phasing (TV)**	tv/el/proj	*Mise en phase; synchronisation du balayage*
1048	**Photobiology**	phg/med/rec	voir: *Photology*
1049	**Photocomposition; phototypesetting**	rep/phg/proc	*Photocomposition*
1050	**Photofinishing**	fm/ed	*Photofinition; photofaçonnage*
1051	**Photofluorography**	phg/xr	*Radiophotographie*
1052	**Photogenic (television)**	tv/proj	voir: *Telegenic*
1053	**Photogrammetry; phototopography**	phg/opt/ed	*Photogrammétrie; phototopographie; métrophotographie*
1054	**Photographic retrieval; photographic tracking**	phg/cin/ind	*Repérage photographique; dépistage photographique*

N°	English (anglais)	Field (domaine)	French (français)
1055	**Photographic satellite**	phg/rec/app	*Satellite photographique*
1056	**Photographic tracking**	phg/cin/ind	voir: *Photographic retrieval*
1057	**Photogravure; heliogravure**	rep/phg/ed	*Photogravure; héliogravure*
1058	**Photology; photobiology**	phg/med/rec	*Photologie; photobiologie*
1059	**Photomechanical transfer**	rep/phg	*Transfert photomécanique*
1060	**Photomontages**	fm/phg/ed	voir: *Overlays and inserts*
1061	**Photo paste-on**	phg/ed	*Collage photographique*
1062	**Photosensitive**	em/fm/tp	voir: *Light-sensitive*
1063	**Phototelegraphy**	phg/el	voir: *Electrography*
1064	**Phototopography**	phg/opt/ed	voir: *Photogrammetry*
1065	**Phototypesetting**	rep/phg/proc	voir: *Photo-composition*
1066	**Pick-up (film)**	cin/tv/cam	*Prise de vues; filmage*

N°	English (anglais)	Field (domaine)	French (français)
1067	**Pick-up (sound)**	sd/el/acc	*Tête de lecture; lecteur; capteur phonographique*
1068	**Picture**	phg/cin/tv	voir: *Image*
1069	**Picture area**	cin/tv/proj	voir: *Image area*
1070	**Picture compression; picture squeezing; image packing**	tv/vtr/proj	*Compression de l'image*
1071	**Picture definition**	phg/cintv	voir: *Image detail*
1072	**Picture squeezing**	tv/vtr/proj	voir: *Picture compression*
1073	**Picture transmitter**	tv/el/app	voir: *Video-transmitter*
1074	**Picture weaving**	tv/proj	*Flottement latéral; oscillation latérale de l'image*
1075	**Piezoelectric loudspeaker; crystal loudspeaker**	sd/app	*Haut-parleur piézoélectrique*
1076	**Piezoelectric microphone; crystal mike**	mic/el/app	*Micro piézoélectrique*
1077	**Pilot light**	lit/el	voir: *Indicator light*

N°	English (anglais)	Field (domaine)	French (français)
1078	**Pilot loudspeaker**	cin/tv/sd	voir: *Monitoring loudspeaker*
1079	**Pinatype process**	phg/col/proc	*Pinatypie; oléobromie*
1080	**Pincushion distortion**	cin/tv/proj	*Distorsion en coussinet*
1081	**Pinpointing of images**	mcf/comp/el	*Identification des images*
1082	**Planetary microfilmer**	mcf/el/app	*Microfilmeur statique; appareil de microfilmage statique*
1083	**Planned obsolescence**	app/gen	*Désuétude calculée; obsolescence calculée*
1084	**Portable generator**	el/app	voir: *Jenny*
1085	**Portable television set; walkie-lookie; table television set**	tv/app	*Téléviseur portatif; appareil de télévision portable*
1086	**Portrait lens**	opt/phg	voir: *Soft-focus lens*
1087	**Positive feedback**	el/sd/rec	voir: *Retroaction*
1088	**Postemphasis**	tv/vtr/el	*Postcorrection*

N°	English (anglais)	Field (domaine)	French (français)
1089	**Posterization**	phg/eff/proc	*Postérisation; photofinition type affiche*
1090	**Postsync**	fm/tp/sd	voir: *Postsynchronization*
1091	**Postsynchronization; postsync**	fm/tp/sd	*Postsynchronisation*
1092	**Power supply unit**	el/app	*Bloc d'alimentation*
1093	**Preamplifier**	tv/cam/acc	*Préamplificateur*
1094	**Preemphasis**	tv/vtr/el	*Préaccentuation; précorrection*
1095	**Preheating**	tv/rd/app	voir: *Warm-up time*
1096	**Preliminary editing**	cin/fm/ed	voir: *Rough cut*
1097	**Prepackaged chemical kit; chemkit; chempack**	proc/chem/acc	*Nécessaire chimique; ensemble chimique; conditionnement chimique*
1098	**Preset scene selector**	tv/col/acc	*Présélecteur d'éclairage; présélecteur des jeux de lumière*
1099	**Preview bus**	tv/col/el	*Voie de présélection*

N°	English (anglais)	Field (domaine)	French (français)
1100	**Process projection**	cin/tv/proj	voir: *Back projection*
1101	**Process time**	comp/proc	*Temps de traitement*
1102	**Processing**	fm/proc/gen	*Traitement; développement*
1103	**Processing machine**	fm/proc/app	voir: *Processor (film)*
1104	**Processing machine leader**	fm/mec/proc	*Amorce permanente de développement*
1105	**Processor (film); processing machine**	fm/proc/app	*Appareil de traitement (film)*
1106	**Professional cinematography; professional movie-making**	cin/tv/ind	*Cinématographie professionnelle*
1107	**Professional film**	fm/gen	voir: *Wide film*
1108	**Professional movie-making**	cin/tv/ind	voir: *Professional cinematography*
1109	**Professional photography (stills)**	phg/ind	*Photographie professionnelle*
1110	**Projection booth; projection box**	cin/proj	*Cabine de projection*

N°	English (anglais)	Field (domaine)	French (français)
1111	**Projection box**	cin/proj	voir: *Projection booth*
1112	**Projection distance**	cin/proj	voir: *Throw*
1113	**Projection optics**	tv/proj/app	voir: *Reflective optics*
1114	**Promo film**	fm/tp	voir: *Promotional clip*
1115	**Promo strip**	fm/tp	voir: *Promotional clip*
1116	**Promotional clip; promo film; promo strip**	fm/tp	*Film-annonce; bande-annonce*
1117	**Prompter; teleprompter**	tv/rec/app	*Prompteur; télésouffleur*
1118	**Properties; props; scenery**	cin/tv/acc	*Décors; accessoires scéniques*
1119	**Props**	cin/tv/acc	voir: *Properties*
1120	**Public address system**	sd/el/app	*Système de sonorisation*
1121	**Pulse switcher**	tv/col/acc	*Commutateur d'impulsions*
1122	**Push processing**	fm/proc	voir: *Forced processing*

N°	English (anglais)	Field (domaine)	French (français)
1123	**Push-on filter**	fil/cam/acc	*Filtre à emboîtement*
1124	**Push-pull amplifier**	hg/el/app	*Amplificateur symétrique;* *ampli push-pull*
1125	**Push-pull microphone**	mic/el/app	*Microphone à double effet;* *micro push-pull*
1126	**PV filter**	fil/cam/acc	voir: *Panchromatic vision filter*

— Q —

N°	English (anglais)	Field (domaine)	French (français)
1127	**Quantum mottle (high-speed X-rays)**	fm/xr	*Interférences nocives (radiographie ultra-rapide); interférences quantiques*
1128	**Quartz-iodine lamp**	lit/proj	voir: *Halogen-cycle lamp*
1129	**Quick-access storage**	comp/mcf/el	*Mémoire rapide*
1130	**Quick-finish developer**	chem/fm/proc	voir: *Fast developer*
1131	**Quick forward; fast forward**	cin/proj	*Marche avant rapide*
1132	**Quick motion; fast motion**	cin/tv/cam	*Accéléré; mouvement accéléré*

N°	English (anglais)	Field (domaine)	French (français)
1133	**Quick reverse; fast reverse**	cin/proj/app	*Marche arrière rapide*
1134	**Quick rewind; fast rewind**	cin/proj/app	*Rebobinage rapide; réenroulement rapide*
1135	**Quickie; quota quickie**	fm/proj	*Film baclé; film médiocre*
1136	**Quiz**	tv/rd	voir: *Quiz show*
1137	**Quiz show; quiz**	tv/rd	*Jeu (télévision ou radio); émission-questionnaire; questionnaire-concours*
1138	**Quota quickie**	fm/proj	voir: *Quickie*

— R —

N°	English (anglais)	Field (domaine)	French (français)
1139	**Rack-mounted equipment**	app/gen	*Équipement (conçu) pour montage en bâti*
1140	**Radiobiology**	med/xr	*Radiobiologie*
1141	**Radiobroadcasting**	rd/gen	*Radiodiffusion*
1142	**Radiobroadcasting system**	rd/el/gen	voir: *Radio network*
1143	**Radiograph; shadow picture; skiagram; skiagraph; roentgenogram; roentgenograph; X-ray photograph**	med/ind/xr	*Cliché radiographique; skiagramme; skiagraphe*
1144	**Radiography; skiagraphy; X-raying**	med/ind/xr	*Radiographie; skiagraphie*

N°	English (anglais)	Field (domaine)	French (français)
1145	**Radiology**	xr/ind/med	*Radiologie*
1146	**Radio network; radiobroadcasting system**	rd/el/gen	*Réseau de radiodiffusion; chaîne de radiodiffusion*
1147	**Radiophony**	rd/sd/el	*Radiophonie*
1148	**Radioscopy; fluoroscopy; roentgenoscopy**	med/xr/proj	*Radioscopie; fluoroscopie*
1149	**Radio sender**	rd/app	voir: *Radio transmitter*
1150	**Radiotelebroadcasting**	rd/tv/gen	*Radiotélévision*
1151	**Radiotherapy**	med/xr	voir: *X-ray therapy*
1152	**Radio transmitter; radio sender**	rd/app	*Émetteur radio*
1153	**Radiowave**	rd/el	*Onde radioélectrique; onde hertzienne*
1154	**Random noise**	sd/rd	voir: *Background noise*
1155	**Rap shot; complex shot**	cin/tv	*Plan de réalisation difficile; plan compliqué; scène à filmage complexe*

N°	English (anglais)	Field (domaine)	French (français)
1156	**Raster**	tv/col/bw	voir: *Field*
1157	**Raster line**	tv/el	*Ligne de balayage*
1158	**Raw material (film)**	fm/tp/gen	voir: *Film stock*
1159	**Raw video**	tv/vtr/proj	*Image brute*
1160	**Rear-screen projection**	cin/tv/proj	voir: *Back projection*
1161	**Record photography**	phg/rep	voir: *Robot photography*
1162	**Rectilinear lens**	opt/acc	voir: *Nondistorting lens*
1163	**Reduction print**	phg/fm/ed	*Copie (à échelle) réduite; image réduite*
1164	**Reduction printing**	cin/tv/proc	*Tirage par réduction*
1165	**Reference black level**	tv/bw/el	*Niveau de noir*
1166	**Reference generator**	vtr/tv/el	*Générateur de référence*
1167	**Reference level**	mic/sd/el	*Niveau de référence*
1168	**Reference white level**	tv/bw/el	*Niveau de blanc*
1169	**Reflective optics; projection optics**	tv/proj/app	*Système optique de projection*

N°	English (anglais)	Field (domaine)	French (français)
1170	**Reflex copy; reflex print**	phg/proc/rep	*Copie réflectographique; copie par réflexion*
1171	**Reflex document copier**	proc/rep/app	voir: *Reflex printer*
1172	**Reflex print**	phg/proc/rep	voir: *Reflex copy*
1173	**Reflex printer; reflex document copier**	proc/rep/app	*Tireuse réflectographique*
1174	**Reflex printing process**	proc/rep	*Réflectographie; reproduction contact en lumière réfléchie*
1175	**Refractivity; refringency**	opt/eff	*Réfraction; réfringence*
1176	**Reframing (picture)**	cin/tv/proj	*Recadrage (image); recentrage*
1177	**Refringency**	opt/eff	voir: *Refractivity*
1178	**Regenerator**	chem/proc	voir: *Replenisher (chemicals)*
1179	**Reinjection**	el/sd/rec	voir: *Retroaction*
1180	**Rejects**	fm/cin/ed	voir: *Out-takes*
1181	**Relay lens system (picture)**	tv/col/proj	*Lentilles auxiliaires; lentilles de déplacement (image)*

N°	English (anglais)	Field (domaine)	French (français)
1182	**Release print**	fm/cin/ed	voir: *Final print*
1183	**Remote**	tv/cin/rec	voir: *Outside broadcast*
1184	**Remote control**	cam/proj/acc	*Télécommande; commande à distance*
1185	**Remote focusing**	opt/proj/app	*Téléréglage de netteté; mise au point télécommandée; mise au point à distance*
1186	**Replenisher (chemicals); regenerator**	chem/proc	*Régénérateur (bains chimiques); solution d'entretien; produit de régénération; bain de renouvellement*
1187	**Reprography; document reproduction**	rep/gen	*Reprographie; reproduction de documents*
1188	**Reticle**	opt/cam	voir: *Graticule lines*
1189	**Reticulation**	em/fm/gen	voir: *Frilling (of coating)*

N°	English (anglais)	Field (domaine)	French (français)
1190	**Retrieval**	mcf/comp/gen	*Repérage; recherche; localisation*
1191	**Retroaction; positive feedback; reinjection**	el/sd/rec	*Rétroaction; réinjection*
1192	**Reversal process**	fm/proc	*Traitement inversible*
1193	**Reverse action**	cin/tv/proj	voir: *Reverse motion*
1194	**Reverse compatibility**	tv/col/app	*Compatibilité inverse*
1195	**Reversed image**	tv/vtr/proj	voir: *Negative image*
1196	**Reverse motion; reverse action**	cin/tv/proj	*Marche arrière*
1197	**Ribbon mike**	mic/el	*Microphone à ruban*
1198	**Rifle mike**	mic/el	voir: *Ultradirectional mike*
1199	**Rifle spot; narrow beam spot**	lit/cin/acc	*Projecteur ultra-directionnel; spot à faisceau étroit*

N°	English (anglais)	Field (domaine)	French (français)
1200	**Robot photography; record photography**	phg/rep	*Photographie robot; photographie d'enregistrement*
1201	**Roentgenogram**	med/ind/xr	voir: *Radiograph*
1202	**Roentgenograph**	med/ind/xr	voir: *Radiograph*
1203	**Roentgenoscope**	proj/xr	voir: *Illuminator*
1204	**Roentgenoscopy**	med/xr/proj	voir: *Radioscopy*
1205	**Roentgen rays**	med/ind/xr	voir: *X-rays*
1206	**Rolling title**	cin/tv/proj	voir: *Running title*
1207	**Rotary microfilmer**	mcf/comp/app	*Microfilmeur dynamique; microfilmeur en continu; appareil de ·microfilmage dynamique*
1208	**Rotoscope**	fm/opt/app	*Rotoscope; appareil de rotoscopie*
1209	**Rotoscopy**	fm/opt/eff	*Rotoscopie*
1210	**Rough cut; rough cutting; preliminary cutting**	cin/fm/ed	*Premier montage; montage d'inspection; montage préalable*
1211	**Rough cutting**	cin/fm/ed	voir: *Rough cut*

N°	English (anglais)	Field (domaine)	French (français)
1212	**Run**	comp/proj/rep	*Passage machine; marche; défilement; déroulement; tirage*
1213	**Running leader**	fm/tp	*Amorce médiane*
1214	**Running shot**	cin/cam/eff	*Prise de vue en poursuite; filmage en poursuite*
1215	**Running time; screening time**	fm/tp/proj	*Durée de projection; durée de visionnement*
1216	**Running title; rolling title; crawl title**	cin/tv/proj	*Déroulant; titre roulant; titre à rideau*
1217	**Run-up time**	app/gen	*Durée d'échauffement; temps de chauffe*
1218	**Rushes**	cin/tv/ed	voir: *Dailies*
1219	**Rush printing**	phg/fm/proc	*Tirage rapide; tirage urgent*

— S —

N°	English (anglais)	Field (domaine)	French (français)
1220	**Safelight**	lit/proc	voir: *Inactinic light*
1221	**Safelight filter**	fm/fil/proc	voir: *Inactinic screen*
1222	**Safelight tolerance**	lit/chem/proc	*Tolérance (à l'éclairage) inactinique*
1223	**Safety film; nonflammable film; uninflammable film; slow-burning film**	fm/tp	*Pellicule ininflammable; pellicule à combustion lente*
1224	**Safety interlock**	app/gen	*Blocage de sécurité*
1225	**Safety light**	lit/proc	voir: *Inactinic light*
1226	**Satcom**	sd/el/proj	voir: *Satellite communications*

N°	English (anglais)	Field (domaine)	French (français)
1227	**Satellite communications; satcom**	sd/el/proj	*Télécommunications par satellite*
1228	**Satellite relay station**	rd/tv/el	*Satellite-relais; station spatiale*
1229	**Satellite transmitter**	rd/tv/el	*Émetteur satellite*
1230	**Saturation**	tv/col/el	voir: *Chroma*
1231	**Scanning**	mcf/tv/el	*Analyse; exploration; examen*
1232	**Scenery**	cin/tv/acc	voir: *Properties*
1233	**Scenery backdrop**	tv/cin/acc	*Toile de fond; toile d'arrière-plan*
1234	**Schlierenphotography**	phg/el/ind	voir: *Strioscopic photography*
1235	**Scoop**	lit/acc	voir: *Broadside*
1236	**Scraping**	fm/phg/ed	voir: *Knifiing*
1237	**Screening time**	fm/tp/proj	voir: *Running time*
1238	**Scrim; butterfly; light diffusing screen; silk**	cin/lit/eff	*Écran diffuseur; tissu diffuseur; tulle; tarlatane*

N°	English (anglais)	Field (domaine)	French (français)
1239	**Script writer**	cin/tv	voir: *Film writer*
1240	**Search button**	mcf/proj/acc	*Bouton de sélection;* *bouton de repérage*
1241	**Selective shading**	exp/ed	voir: *Dodging*
1242	**Self-toning paper**	em/rep/proc	*Papier autovireur*
1243	**Selsyn motor**	cam/proj/app	voir: *Interlock motor*
1244	**Semicon**	el/ind	voir: *Semi-conductor*
1245	**Semi-conductor; semicon**	el/ind	*Semi-conducteur* voir aussi: *Solid state*
1246	**Sensitivity range**	fm/exp	*Champ sensitométrique*
1247	**Sensitization**	em/exp/proc	*Sensibilisation*
1248	**Sensitized**	em/fm/tp	voir: *Light-sensitive*
1249	**Sensitometer**	em/exp/app	*Sensitomètre*
1250	**Sensitometric curve**	em/proc/ed	voir: *Characteristic curve*
1251	**Sensor**	mcf/comp/acc	*Analyseur;* *lecteur;* *dispositif de repérage*

N°	English (anglais)	Field (domaine)	French (français)
1252	**Separation (of emulsion)**	em/fm/gen	*Détachement de la couche d'émulsion*
1253	**Separation negative**	fm/col/proc	*Négatif de sélection;* *négatif à procédé trichrome*
1254	**Sequential numbering (retrieval)**	mcf/comp	*Comptage séquentiel (localisation);* *repérage séquentiel*
1255	**Serrated pulse**	tv/el	voir: *Serration*
1256	**Serration;** **serrated pulse**	tv/el	*Impulsion d'égalisation;* *créneau*
1257	**Servomechanism**	comp/el/app	*Servomécanisme*
1258	**Set lights;** **studio lights**	lit/tv/cin	*Éclairage de prise de vues;* *éclairage de studio*
1259	**Shadow-mask tube**	tv/col/el	*Tube à masque*
1260	**Shadow picture**	fm/med/xr	voir: *Radiograph*
1261	**Sheet film**	fm/gen	*Film en feuille;* *film rigide*
1262	**Shooting distance**	exp/cin/tv	voir: *Taking distance*
1263	**Shooting range**	phg/cin/exp	voir: *Field of view*

N°	English (anglais)	Field (domaine)	French (français)
1264	**Short-focus lens**	opt/exp/cam	*Objectif à courte (distance) focale*
1265	**Shredding (film)**	fm/tp/mec	*Mutilation (film); contraintes méca-niques (film)*
1266	**Shrinking (film)**	fm/proc	*Rétrécissement (film); contraction filmique*
1267	**Shunt**	el/app	voir: *Shunting*
1268	**Shunting; shunt**	el/app	*Dérivation; shunt; pontage*
1269	**Silk**	cin/lit/eff	voir: *Scrim*
1270	**Silver coating**	fm/chem	*Support argentique*
1271	**Silver microfilm stock**	mcf/rec	*Microfilm à support argentique*
1272	**Simplex method (microfilming); simplex operation**	mcf/rec	*Microfilmage en simplex; procédé simplex (microfilmage)*
1273	**Simplex operation**	mcf/rec	voir: *Simplex method (microfilming)*
1274	**Skeletal coding**	mcf/comp/el	*Codage sommaire; codage articulé*

N°	English (anglais)	Field (domaine)	French (français)
1275	**Skew-distortion; skewing**	tv/vtr/proj	*Distorsion en losange; distorsion en rhombe*
1276	**Skewing**	tv/vtr/proj	voir: *Skew-distortion*
1277	**Skiagram**	fm/med/xr	voir: *Radiograph*
1278	**Skiagraph**	fm/med/xr	voir: *Radiograph*
1279	**Skiagraphy**	med/ind/xr	voir: *Radiography*
1280	**Sky lighting**	lit/eff	voir: *Lighting from above*
1281	**Skypan**	lit/cin/tv	*Petit réflecteur d'ambiance*
1282	**Slack shot**	cin/tv	voir: *Filler (program)*
1283	**Slide; transparency**	phg/proj	*Diapositive; transparence*
1284	**Slide projector**	proj/phg	voir: *Diascope*
1285	**Slow-burning film**	fm/tp	voir: *Safety film*
1286	**Smear**	tv/proj	voir: *Smearing*
1287	**Smearing; smear**	tv/proj	*Traînage; bavure*
1288	**Softening lens**	opt/phg	voir: *Soft-focus lens*

N°	English (anglais)	Field (domaine)	French (français)
1289	**Soft-focus lens; softening lens; portrait lens**	opt/phg	*Objectif d'adoucissement (flous artistiques)*
1290	**Soft picture**	cin/tv/proj	*Image mal définie; flou artistique*
1291	**Solid state; completely transistorized; fully transistorized**	el/app/gen	*À semi-conducteurs; entièrement transistorisé; à transistorisation intégrale* voir aussi: *Semi-conductor*
1292	**Sophisticated circuitry**	el/app	*Montage complexe; montage poussé; circuit raffiné*
1293	**Sound effects**	rd/tv/eff	*Trucage sonore; effets sonores; bruitage*
1294	**Sound effects control room**	tv/eff/el	*Studio de bruitage*
1295	**Sound fading device**	sd/cin/tv	voir: *Fader*
1296	**Sound-film screen**	cin/sd/proj	voir: *Perforated screen*

N°	English (anglais)	Field (domaine)	French (français)
1297	**Sound focus system**	sd/tv	*Correcteur de tonalité;* *dispositif de mise au point sonore*
1298	**Sound head**	cin/sd/proj	*Tête sonore;* *lecteur de son*
1299	**Sound lock**	rd/tv/sd	*Sas (insonorisant);* *espace d'insonorisation;* *coupe-son*
1300	**Soundproof camera**	cam/cin/tv	voir: *Blimped camera*
1301	**Sound reverberation**	sd/rec/eff	voir: *Echo (sound)*
1302	**Sound slomo**	sd/rec	*Ralenti sonore*
1303	**Spaghetti; camera buckle**	fm/mec/cam	*Bourrage (film)*
1304	**Special effects generator**	tv/eff/app	*Générateur de trucage;* *générateur d'effets spéciaux*
1305	**Spectral color**	col/tv/gen	*Couleur spectrale*
1306	**Speed light**	phg/exp/el	voir: *Electronic flash*
1307	**Speed regulator**	mec/app	voir: *Compensator (motor)*

N°	English (anglais)	Field (domaine)	French (français)
1308	**Speleological photography; speleophotography**	phg/ind	*Photographie spéléologique; spéléophotographie*
1309	**Speleophotography**	phg/ind	voir: *Speleological photography*
1310	**Spent solution**	chem/proc	*Solution usée*
1311	**Spherical lens**	opt/exp/eff	voir: *Fisheye lens*
1312	**Spherical reflector**	lit/phg/eff	*Réflecteur sphérique*
1314	**Squeegee assembly; wringer rollers**	chem/proc/app	*Train d'essorage; rouleaux d'essorage*
1315	**Squeezed film version**	tv/fm/proj	*Film en format comprimé*
1316	**Squeezing (of film image)**	tv/fm/el	*Compression (de l'image filmique)*
1317	**Stabilizer**	chem/proc	*Stabilisant; produit de stabilisation*
1318	**Standard line convertor; television transcoder**	tv/el/app	*Convertisseur ligne/image*
1319	**Standby film**	fm/tv/proj	*Film de remplacement; film de secours*

N°	English (anglais)	Field (domaine)	French (français)
1320	**Standby generator**	el/app	*Générateur d'appoint; générateur auxiliaire*
1321	**Start leader; head leader**	fm/tp	*Amorce initiale; amorce-début*
1322	**Stay period (chem bath); immersion period**	fm/chem/proc	*Durée d'immersion (bain chimique)*
1323	**Steadiness (image)**	cin/tv/proj	*Stabilité (image)*
1324	**Step-by-step contact printer**	fm/proc/mec	voir: *Intermittent contact printer*
1325	**Step-by-step optical printer**	fm/proc/opt	voir: *Intermittent optical printer*
1326	**Step lens**	opt/cin	voir: *Fresnel lens*
1327	**Stereophonic reproduction**	sd/hf/rep	*Reproduction stéréophonique*
1328	**Stereophony**	sd/hf/rec	*Stéréophonie*
1329	**Stereophotography**	phg/opt/eff	*Stéréophotographie; photographie stéréoscopique; photographie en relief*
1330	**Stereo picture**	opt/proj	voir: *Stereoscopic image*

N°	English (anglais)	Field (domaine)	French (français)
1331	**Stereoradiography**	phg/med/xr	*Stéréoradiographie; radiographie stéréoscopique*
1332	**Stereoscopic image; stereo picture**	opt/proj	*Image stéréoscopique; image en relief*
1333	**Stereoscopic television; tridimensional television**	tv/proj	*Télévision stéréoscopique; télévision en relief; télévision tridimensionnelle*
1334	**Stereoscopy**	opt/eff	*Stéréoscopie*
1335	**Stock leader**	fm/tp	*Film amorce; bande amorce*
1336	**Stock shot; archival shot; library footage**	fm/ed/gen	*Séquence de réserve; plan de réserve; plan d'archivage*
1337	**Stop bath**	fm/chem/proc	*Bain d'arrêt*
1338	**Stop frame**	cin/eff	voir: *Freeze frame*
1339	**Stop leader**	fm/tp	voir: *Tail leader*
1340	**Stopping groove; lock groove**	sd/red	*Sillon fermé; sillon d'arrêt*
1341	**Stray light**	lit/proc/proj	*Lumière parasite*

N°	English (anglais)	Field (domaine)	French (français)
1342	**Strioscopic photography; schlierenphotography**	phg/el/ind	*Photographie strioscopique*
1343	**Strioscopy**	phg/el	*Strioscopie*
1344	**Stripe**	sd/rec/el	voir: *Magnetic stripe*
1345	**Stripping**	fm/proc/ed	*Pelliculage; enlèvement de la couche sensible*
1346	**Stripping paper**	phg/proc	*Papier à émulsion pelliculable*
1347	**Stroboflash**	phg/exp/el	voir: *Electronic flash*
1348	**Stroboscopic effects**	phg/el/eff	*Effets stroboscopiques; trucage stroboscopique; strobotrucage*
1349	**Stroboscopy**	phg/lit/eff	*Stroboscopie*
1350	**Studio lights**	lit/tv/cin	voir: *Set lights*
1351	**Subaquatic camera; submarine camera; underwater camera**	cin/phg/app	*Caméra subaquatique; appareil de prise de vues sous-marines*

N°	English (anglais)	Field (domaine)	French (français)
1352	**Subaquatic cinematography; submarine cinematography; underwater cinematography**	cin/rec/ind	*Cinématographie subaquatique; cinématographie sous-marine*
1353	**Subaquatic photography; submarine photography; underwater photography**	phg/rec/ind	*Photographie subaquatique; photographie sous-marine*
1354	**Submarine camera**	cin/phg/app	voir: *Subaquatic camera*
1355	**Submarine cinematography**	cin/rec/ind	voir: *Subaquatic cinematography*
1356	**Submarine photography**	phg/rec/ind	voir: *Subaquatic photography*
1357	**Subtraction film**	xr/fm/exp	*Film pour technique soustractive*
1358	**Subtractive color printing**	fm/col/rep	*Tirage soustractif couleur*
1359	**Subtractive color process**	fm/col/proc	voir: *Subtractive color synthesis*

N°	English (anglais)	Field (domaine)	French (français)
1360	**Subtractive color synthesis; subtractive color process**	fm/col/proc	*Synthèse soustractive trichrome; procédé soustractif couleur*
1361	**Sunlight lamp**	lit/el	voir: *Klieg light*
1362	**Supersensitization**	em/exp/proc	*Sursensibilisation*
1363	**Supersonic**	sd/gen	voir: *Transonic*
1364	**Surgical photography**	phg/med	*Photographie chirurgicale*
1365	**Swish shot; blur pan; whiz pan; zip pan**	cin/tv/cam	*Panoramique rapide; flou panoramique*
1366	**Switching grid**	tv/el/app	voir: *Switching matrix*
1367	**Switching matrix; switching grid**	tv/el/app	*Dispositif de commutation (signaux); grille de commutation; matrice de commutation*
1368	**Sync changeover**	tv/col/ed	*Commutation de synchronisation*
1369	**Sync dailies; sync rushes**	cin/tv/ed	*Épreuves filmiques synchronisées (quotidiennes)*

N°	English (anglais)	Field (domaine)	French (français)
1370	**Synchroflash**	phg/lit/acc	*Synchroflash; flash synchronisé*
1371	**Sync rushes**	cin/tv/ed	voir: *Sync dailies*
1372	**Sync signal**	tv/el	*Impulsion de synchronisation; top de synchronisation*
1373	**Sync-sound filming**	cin/sd/cam	*Filmage avec synchronisation sonore*

— T —

N°	English (anglais)	Field (domaine)	French (français)
1374	**Table microphone**	mic/el/app	*Microphone de table*
1375	**Table television set**	tv/app	voir: *Portable television set*
1376	**Tach**	mec/app	voir: *Tachometer*
1377	**Tachometer; tach**	mec/app	*Tachymètre; compte-tours*
1378	**Tail leader; end leader; stop leader**	fm/tp	*Amorce de sortie; amorce finale; amorce-fin*
1379	**Taking distance; filming distance; shooting distance**	exp/cin/tv	*Distance de prise de vues; distance de filmage*
1380	**Taking lens**	opt/cam/acc	*Objectif de prise de vues*
1381	**Talk-back**	mic/sd/el	voir: *Intercom*

N°	English (anglais)	Field (domaine)	French (français)
1382	**Tanner**	chem/proc	voir: *Hardener*
1383	**Tanning bath**	chem/proc	voir: *Hardening bath*
1384	**Tape coating material**	rd/vtr/rec	*Enduit magnétique*
1385	**Tape deck**	td/sd/rep	*Platine-magnétophone; platine de défilement; plateau de défilement; table de défilement*
1386	**Tapeprinter**	rec/el/app	voir: *Teletype*
1387	**Tape recorder**	sd/rec/rep	*Magnétophone*
1388	**Telecardiogram**	rec/tp/med	*Télécardiogramme*
1389	**Telecardiophone**	sd/mic/med	*Télécardiophone*
1390	**Telecasting; television broadcasting; videobroadcasting; visual broadcasting**	tv/gen	*Télédiffusion; télévision*
1391	**Telecine process**	tv/proj	voir: *Film transmitter*
1392	**Telecine system**	tv/proj	voir: *Film pick-up*

N°	English (anglais)	Field (domaine)	French (français)
1393	**Telegenic; photogenic (television); videogenic**	tv/proj	*Télégénique; photogénique (télévision)*
1394	**Telelens**	opt/cam/cin	voir: *Long-focus lens*
1395	**Telephoto lens**	opt/cam/cin	voir: *Long-focus lens*
1396	**Teleprompter**	tv/rec/app	voir: *Prompter*
1397	**Telerecording**	rec/tv/proj	voir: *Kinescope recording*
1398	**Teleradiology**	tv/xr	*Téléradiologie*
1399	**Teletranscription**	rec/tv/proj	voir: *Kinescope recording*
1400	**Teletype; typeprinter; tapeprinter**	rec/el/app	*Télétype; téléimprimeur; imprimeur sur bande*
1401	**Television broadcasting**	tv/gen	voir: *Telecasting*
1402	**Television car; TV mobile unit; television cruiser**	tv/rec/app	*Car de reportage (TV)*
1403	**Television cruiser**	tv/rec/app	voir: *Television car*

N°	English (anglais)	Field (domaine)	French (français)
1404	**Television set; TV receiver; televisor**	tv/proj/app	*Téléviseur; récepteur de télévision*
1405	**Television transcoder**	tv/el/app	voir: *Standard line convertor*
1406	**Televisor**	tv/proj/app	voir: *Television set*
1407	**Tension**	el/gen	voir: *Voltage*
1408	**Test mockup**	cin/tv/acc	*Maquette d'essai*
1409	**Test signal**	tv/el	*Signal d'épreuve*
1410	**Thermocolorimeter**	col/phg/cin	voir: *Color meter*
1411	**Thermoplastic recording; Glenn process**	rec/cin/tv	*Enregistrement thermoplastique; procédé Glenn*
1412	**Thick base film; thick-film**	em/fm	*Film à support épais*
1413	**Thick-film**	em/fm	voir: *Thick base film*
1414	**Thin base film; thin-film**	em/fm	*Film à support mince*
1415	**Thin-film**	em/fm	voir: *Thin base film*
1416	**Thiosulfate eliminator**	chem/proc	voir: *Hypo eliminator*

N°	English (anglais)	Field (domaine)	French (français)
1417	**Throw; projection distance**	cin/proj	*Distance de projection; portée de projection*
1418	**Throwaways**	fm/cin/ed	voir: *Out-takes*
1419	**Time-lapse camera; time-recording camera**	cin/eff/cam	*Appareil chronophotographique*
1420	**Time-lapse cinematography; chronocinematography**	cin/el/eff	*Chronocinématographie; cinématographie accélérée*
1421	**Time-lapse photography; chronophotography**	phg/el/eff	*Chronophotographie; photographie séquentielle*
1422	**Timer**	mec/app	voir: *Timing device*
1423	**Time-recording camera**	cin/eff/cam	voir: *Time-lapse camera*
1424	**Time signal**	tv/rd/el	*Signal horaire*
1425	**Timing device; timer; clockwork**	mec/app	*Minuterie; minuteur; mouvement d'horlogerie*

N°	English (anglais)	Field (domaine)	French (français)
1426	**Tiny Mac; McAllister spotlight**	lit/cin/tv	*Minispot d'appoint; petit réflecteur auxiliaire*
1427	**Title cards; flip cards (credits)**	cin/tv/proj	*Cartes volantes (générique)*
1428	**Title drum**	cin/tv/proj	*Tambour-générique; tambour à titres*
1429	**Tomography**	phg/xr/med	*Tomographie*
1430	**Toner**	chem/proc	voir: *Toning agent*
1431	**Toning agent; toner**	chem/proc	*Vireur; agent de virage; produit de virage; modificateur de contraste*
1432	**Toning bath**	chem/proc	*Bain vireur; bain de virage*
1433	**Top lighting**	lit/eff	voir: *Lighting from above*
1434	**Transistor**	el/ind/gen	*Transistor* voir aussi: *Semi-conductor* et: *Solid state*
1435	**Transmitter**	rd/tv/ind	voir: *Transmitting station*

N°	English (anglais)	Field (domaine)	French (français)
1436	**Transmitting station; transmitter**	rd/tv/ind	*Station émettrice; émetteur*
1437	**Transonic; supersonic**	sd/gen	*Supersonique*
1438	**Transparency**	phg/proj	voir: *Slide*
1439	**Trapezium distortion**	cin/tv/proj	voir: *Keystone distortion*
1440	**Travel spot**	lit/acc	voir: *Follow spot*
1441	**Tray**	proc/acc/gen	voir: *Dish*
1442	**Treated lens**	opt/em/phg	voir: *Coated lens*
1443	**Tridimensional television**	tv/proj	voir: *Stereoscopic television*
1444	**Trimming**	fm/ed	*Découpage; finition*
1445	**Trolley**	cin/tv/app	voir: *Dolly*
1446	**Truncated picture**	tv/cin/proj	*Image tronquée*
1447	**Tube-type camera**	cam/med/ind	voir: *Tubular camera*
1448	**Tubular camera; tube-type camera**	cam/med/ind	*Caméra tubulaire; caméra cylindrique*
1449	**Tungsten light**	lit/proj	*Éclairage tungstène*
1450	**Turbulence**	proc/chem	voir: *Agitation*

N°	English (anglais)	Field (domaine)	French (français)
1451	**Turret (lenses)**	cin/tv/cam	*Tourelle (objectifs)*
1452	**TV mobile unit**	tv/rec/app	voir: *Television car*
1453	**TV receiver**	tv/proj/app	voir: *Television set*
1454	**Twin-arc light; durarc light**	lit/cin/acc	*Éclairage arc double; éclairage durarc*
1455	**Two-part solution**	chem/proc	*Solution à deux composants*
1456	**Type number**	fm/tp/gen	voir: *Identification number*
1457	**Typeprinter**	rec/el/app	voir: *Teletype*
1458	**Typography; letterpress printing**	rec/rep	*Typographie; impression en relief*

— U —

N°	English (anglais)	Field (domaine)	French (français)
1459	**U-Film**	cin/proj	*Film grand public; film à grande diffusion*
1460	**Ultradirectional mike; gunmike; rifle mike**	mic/el	*Micro ultradirectionnel*
1461	**Ultrafast**	em/exp	voir: *Ultrasensitive*
1462	**Ultrafiche**	mcf/el	*Ultrafiche*
1463	**Ultrahigh frequency (UHF)**	el/tv/rd	*Ultrahaute fréquence (UHF)*
1464	**Ultrared**	lit/opt	voir: *Infrared*
1466	**Ultrasensitive; ultrafast; ultrarapid**	em/exp	*Ultrasensible; ultra-rapide*
1467	**Ultrashort wave**	el/gen	*Onde ultracourte*

N°	English (anglais)	Field (domaine)	French (français)
1468	**Ultrasound**	el/sd	*Ultrason*
1469	**Ultra-wide-angle lens**	opt/exp/eff	voir: *Fisheye lens*
1470	**Umbrella reflector**	lit/cin/phg	*Réflecteur (type) parapluie*
1471	**Unblurred**	cin/tv/proj	*Net; précis*
1472	**Undercoating (anti-halation, etc.)**	em/fm	*Sous-couche (antihalo, etc.)*
1473	**Underdevelopment**	fm/proc	*Sous-développement*
1474	**Underexposition**	fm/exp	*Sous-exposition*
1475	**Undervoltage**	el/gen	*Sous-tension*
1476	**Underwater camera**	cin/phg/app	voir: *Subaquatic camera*
1477	**Underwater cinematography**	cin/rec/ind	voir: *Subaquatic cinematography*
1478	**Underwater photography**	phg/rec/ind	voir: *Subaquatic photography*
1479	**Undesired reverberation**	cin/sd/proj	voir: *Wooliness*
1480	**Unidirectional mike**	mic/el	*Micro undirectionnel*

N°	English (anglais)	Field (domaine)	French (français)
1481	**Uniform illumination; even illumination**	lit/cin/phg	*Éclairage uniforme; éclairage égal*
1482	**Uninflammable film**	fm/tp	voir: *Safety film*
1483	**Universal developer**	chem/proc	*Révélateur (type) universel*
1484	**Universal focus lens**	opt/exp	voir: *Fixed-focus lens*
1485	**Unmarried sound**	sd/rec	*Son dissocié (de l'image)*
1486	**Unsensitized**	em/fm	*Non-sensibilisé*
1487	**Unsqueezed print (film)**	el/tv	*Copie non-comprimée (film); copie normale; copie décomprimée*
1488	**Unsqueezing (of film image); electronic unsqueezing**	el/tv	*Décompression (de l'image filmique); décompression électronique*
1489	**Unsqueezing unit (film); anamorphic unit**	el/tv/app	*Dispositif anamorphoseur électronique (film); anamorphoseur électronique*

N°	English (anglais)	Field (domaine)	French (français)
1490	**Unsteadiness (image)**	cin/tv/proj	*Instabilité (image); manque de fixité*
1491	**USASI (USA Standards Institute)**	fm/em	*Normes USASI* voir aussi: *ANSI*
1492	**Uvatype process**	fm/col/proc	*Uvatypie*

— V —

N°	English (anglais)	Field (domaine)	French (français)
1493	**Variable density process; variable density system; variable density sound track**	fm/sd/rec	*Enregistrement à densité variable; piste sonore à densité variable*
1494	**Variable density sound track**	fm/sd/rec	voir: *Variable density process*
1495	**Variable density system**	fm/sd/rec	voir: *Variable density process*
1496	**Varispeed motor**	cin/tv/cam	voir: *Wild motor*
1497	**Varnish**	fm/ed	voir: *Lacquer*
1498	**Vertical blanking; line blanking**	tv/el	*Suppression de ligne*

N°	English (anglais)	Field (domaine)	French (français)
1499	**Vertical hold control**	tv/el/proj	*Commande de synchronisation verticale; réglage de synchro verticale*
1500	**Vertical hunting**	tv/cin/proj	voir: *Jumping*
1501	**Very-high frequency (VHF)**	el/tv/rd	*Très haute fréquence; hyperfréquence; ondes métriques*
1502	**Very-low frequency (VLF)**	el/tv/rd	*Très basse fréquence*
1503	**Vestigial sideband (VSB)**	tv/el/proj	*Bande latérale résiduelle; bande latérale atténuée*
1504	**Video (TV)**	tv/vtr/proj	*Vidéo; image (TV)*
1505	**Videobroadcasting**	tv/gen	voir: *Telecasting*
1506	**Videocassette**	vtr/rec/proj	*Vidéocassette; cassette vidéo*
1507	**Video control room; vision control room**	tv/el/gen	*Régie vidéo; régie de l'image*
1508	**Videodisc**	tv/ind/rep	*Vidéodisque; disque vidéo*

N°	English (anglais)	Field (domaine)	French (français)
1509	**Videogenic**	tv/proj	voir: *Telegenic*
1510	**Video mixer; vision mixer**	tv/el/app	*Mélangeur vidéo; mélangeur d'images*
1511	**Video monitor**	vtr/tv/proj	*Écran de contrôle*
1512	**Video path**	tv/col/el	*Circuit de transmission vidéo*
1513	**Video switching**	tv/el/eff	*Aiguillage vidéo*
1514	**Videotape**	tp/vtr	*Bande magnétoscopique; ruban magnétoscopique; bande vidéo*
1515	**Videotape editing**	vtr/ed	voir: *Electronic editing*
1516	**Videotape leader; VTR leader**	tp/vtr/acc	*Amorce de bande magnétoscopique*
1517	**Videotape library**	tp/vtr/gen	*Vidéothèque; magnétothèque*
1518	**Videotape recorder (VTR)**	vtr/rec/app	*Magnétoscope*
1519	**Videotape recording**	vtr/tv/rec	*Enregistrement magnétoscopique*

N°	English (anglais)	Field (domaine)	French (français)
1520	**Videotransmitter; picture transmitter; visual transmitter**	tv/el/app	*Émetteur de télévision*
1521	**Vidicon**	tv/el/cam	voir: *Vidicon camera tube*
1522	**Vidicon camera tube; vidicon**	tv/el/cam	*Tube vidicon; tube cathodique à rémanence*
1523	**Viewing angle**	opt/cam	*Angle de visée; champ de visée*
1524	**Vignetting**	phg/cin/eff	*Dégradation; vignetage*
1525	**Vignetting card**	phg/cin/eff	voir: *Vignetting mask*
1526	**Vignetting mask; vignetting card**	phg/cin/acc	*Dégradateur; cache de vignetage*
1527	**Virgin film material**	fm/tp/gen	voir: *Film stock*
1528	**Vision control room**	tv/el/gen	voir: *Video control room*
1529	**Vision mixer**	tv/el/app	voir: *Video mixer*
1530	**Visual axis**	cin/tv/opt	voir: *Optical axis*
1531	**Visual broadcasting**	tv/gen	voir: *Telecasting*
1532	**Visual cue**	tv/rd/gen	voir: *Non verbal cue*

N°	English (anglais)	Field (domaine)	French (français)
1533	**Visual effects; visual tricks**	cin/tv/eff	*Effets visuels; trucage visuel*
1534	**Visual pinpointing (images)**	mcf/el/proj	*Repérage visuel (images)*
1535	**Visual transmitter**	tv/el/app	voir: *Videotrans-mitter*
1536	**Visual tricks**	cin/tv/eff	voir: *Visual effects*
1537	**Vividness (color)**	phg/cin/col	*Éclat (couleur)*
1538	**Voice-over**	cin/tv/eff	voir: *Off-camera*
1539	**Voltage; tension**	el/gen	*Tension; voltage*
1540	**Voltage drop**	el/gen	voir: *Voltage loss*
1541	**Voltage loss; voltage drop**	el/gen	*Chute de tension; perte de tension*
1542	**Voltage regulator; voltage stabilizer**	el/acc	*Régulateur de tension; stabilisateur de tension*
1543	**Voltage stabilizer**	el/acc	voir: *Voltage regulator*
1544	**Voltage surge; excess voltage**	el/gen	*Surtension*
1545	**Voltmeter**	el/app	voir: *Battery tester*
1546	**Volume control**	sd/cin/tv	voir: *Fader*

N°	English (anglais)	Field (domaine)	French (français)
1547	**Volume equalizer**	el/sd/acc	*Égaliseur d'amplitude; atténuateur; correcteur d'amplitude*
1548	**Volume-unit meter**	sd/el/app	voir: *VU-meter*
1549	**VTR leader**	tp/vtr/acc	voir: *Videotape leader*
1550	**VU-meter; volume-unit meter**	sd/el/app	*Vumètre*

— W —

N°	English (anglais)	Field (domaine)	French (français)
1551	**Walkie-lookie**	tv/app	voir: *Portable television set*
1552	**Wall receptacle (W.R.)**	el/acc/gen	*Prise de courant murale*
1553	**Warm-up time; preheating**	tv/rd/app	*Régime thermique; durée de chauffe; préchauffage (d'un appareil)*
1554	**Waterproof container**	cin/tv/acc	voir: *Watertight shell*
1555	**Water repellent**	chem/rep/proc	*Hydrofuge; imperméable*
1556	**Water spot (film); (film); water stain; wet mottle**	fm/proc	*Tache d'humidité (film); marque d'humidité*

N°	English (anglais)	Field (domaine)	French (français)
1557	**Water stain**	fm/proc	voir: *Water spot (film)*
1558	**Watertight shell; waterproof container**	cin/tv/acc	*Boîtier étanche; contenant étanche; carter hermétique*
1559	**Wattmeter**	el/app	*Wattmètre*
1560	**Weaving (picture)**	tv/proj	*Déplacement latéral (image)*
1561	**Well-baffled**	hf/sd/app	*À structure acoustique étudiée*
1562	**Wet mottle**	fm/proc	voir: *Water spot (film)*
1563	**Wettability; absorbency**	chem/proc/rep	*Mouillabilité; aptitude à l'humidification; absorptivité*
1564	**Wet time**	fm/proc	*Temps de mouillage; durée de mouillage*
1565	**Wetting agent**	chem/proc	*Agent mouillant*
1566	**Whirling wipe**	cin/tv/eff	*Ouverture en spirale; fermeture en spirale*
1567	**Whiz pan**	cin/tv/cam	voir: *Swish shot*

N°	English (anglais)	Field (domaine)	French (français)
1568	**Wide film; professional film**	fm/gen	*Film large; film professionnel; film grand format*
1569	**Wild filming; wild shooting**	cin/tv/cam	*Filmage sur le vif; tournage sans synchronisme sonore*
1570	**Wild motor; varispeed motor**	cin/tv/cam	*Moteur asynchrone; moteur multivitesse*
1571	**Wild shooting**	cin/tv/cam	voir: *Wild filming*
1572	**Wild wall**	cin/acc	voir: *Jockey wall*
1573	**Wire finder**	phg/opt/acc	voir: *Wire frame finder*
1574	**Wire frame finder; wire finder**	phg/opt/acc	*Viseur à cadre; viseur iconométrique*
1575	**Wobbulation**	el/tv	*Vobulation; wobbulation*
1576	**Womp; flare spot; hot spot**	tv/opt/proj	*Tache lumineuse soudaine; éclat lumineux parasite; surintensité lumineuse*

N°	English (anglais)	Field (domaine)	French (français)
1577	**Wooliness; undesired reverberation**	cin/sd/proj	*Manque de netteté sonore; flou sonore; réverbération sonore excessive*
1578	**Work copy**	fm/cin/ed	voir: *Cutting copy*
1579	**Working aperture**	opt/exp	voir: *Effective aperture*
1580	**Working solution**	chem/proc	*Solution opérante; solution agissante*
1581	**Work print**	fm/cin/ed	voir: *Cutting copy*
1582	**Worm's eye view; ground-angle view; low-angle view**	opt/exp/cam	*Plan en contre-plongée; vue en contre-plongée*
1583	**Wow**	sd/el/rec	*Chevrotement*
1584	**Wow-meter**	sd/el/app	*Indicateur de chevrotement*
1585	**Wringer rollers**	chem/proc/app	voir: *Squeegee assembly*
1586	**Wrinkling (film)**	fm/proc	*Gondolage (film); tuilage*

N°	English (anglais)	Field (domaine)	French (français)
1587	**Write-on slide**	phg/ed/proj	*Diapositive à surface marquable; diapositive à inscription; diapositive avec espace de marquage*

— X —

N°	English (anglais)	Field (domaine)	French (français)
1588	**X-ray apparatus; X-ray machine**	xr/app	*Appareil à rayons X*
1589	**X-ray film**	fm/phg/xr	*Film radiographique*
1590	**X-ray flash**	lit/phg/xr	*Flash radiographique; éclair radiographique*
1591	**X-raying**	med/ind/xr	voir: *Radiography*
1592	**X-ray machine**	xr/app	voir: *X-ray apparatus*
1593	**X-ray micrography**	phg/opt/xr	voir: *Micro-radiography*
1594	**X-ray photograph**	med/ind/xr	voir: *Radiograph*
1595	**X-ray therapy; radiotherapy**	med/xr	*Radiothérapie*

N°	English (anglais)	Field (domaine)	French (français)
1596	**X-ray tube**	phg/xr/app	*Tube à rayons X*
1597	**Xenon lamp**	lit/xr	*Lampe au xénon*
1598	**Xerography**	rep/ind	*Xérographie*

— Y —

N°	English (anglais)	Field (domaine)	French (frençais)
1599	**Yoke**	cin/proj/mec	voir: *Cam follower*

— Z —

N°	English (anglais)	Field (domaine)	French (français)
1600	**Zero adjustment**	app/mec/el	*Remise à zéro*
1601	**Zip pan**	cin/tv/cam	voir: *Swish shot*
1602	**Zone focusing (action photog-raphy)**	cin/phg/opt	*Prise de vues sur le vif;* *photographie d'action;* *mise au point pour filmage d'action*
1603	**Zoom**	cam/proj/opt	voir: *Zoom lens*
1604	**Zoom lens; zoom**	cam/proj/opt	*Zoom;* *zoum;* *objectif zoom;* *objectif à focale variable*

INDEX
des termes français
et
BIBLIOGRAPHIE

INDEX
of all French terms
and
BIBLIOGRAPHY

A

B

C

D

E

F

G

H

I

J

K

L

M

N

O

P

Q

R

S

T

U

V

W

X

Z

BIBLIOGRAPHIE DE BASE — BASIC BIBLIOGRAPHY

Ouvrages spécialisés

Elsevier's Dictionary of Television, Radar and Antennas (multilingual), by W.E. Clason, Dunod Paris 1955

Elsevier's Dictionary of Cinema, Sound and Music (multilingual), by W.E. Clason, Dunod Paris 1956

Elsevier's Dictionary of Photography — English/French/German, by A.S.H. Craeybeckx, Elsevier Publishing Co., Amsterdam 1965

The Focal Encyclopedia of Film and Television Techniques, Focal Press, London & New York 1969

An Alphabetical Guide to Motion Picture, Television and Videotape Production, by Eli L. Levitan, McGraw-Hill Book Co. 1970

Elsevier's Dictionary of Amplification, Modulation, Reception and Transmission (multilingual), by W.E. Clason, Dunod Paris 1960

The Five C's of Cinematography (Motion Picture Filming Techniques Simplified), by Joseph V. Mascelli, Cine-Grafic Publications, Hollywood 1965

Le Microfilm, coll. «Que Sais-je?», par Yves Relier, Presses Universitaires de France, Paris 1966

Dictionnaire anglais-français et français-anglais de l'Informatique, par R. Dubuc, G. Lambert-Carez, M. Gratton, L. Roy et A. Shapiro, Dunod Québec 1971

IBM — Terminologie du traitement de l'information (Data Processing Glossary), édition 1970

Dictionnaire technique général anglais-français, par J.-G.-Gérald Belle-Isle, éditeur-libraire Bélisle, Québec 1965

Dictionnaire anglais-français et français-anglais des termes relatifs à l'électrotechnique, l'électronique et aux applications connexes (2 vol.), par H. Piraux, éditions Eyrolles, Paris 1970-1972

Dictionnaire français-anglais et anglais-français des termes techniques de médecine, par J. et Th. Delamare, éditions Maloine, Paris 1970

Life Library of Photography,
Time-Life Books, New York 1971-1973:
* The Camera (L'Appareil photographique)
* Light and Film (La Lumière et la Pellicule)
* Photojournalism (Le Reportage photographique)
* Photography as a Tool (Les Techniques photographiques)
* The Print (Le Développement et l'Épreuve)
* Color (La Couleur)
* The Studio (Le Studio)
* The Art of Photography (L'Art de la Photographie)
* The Great Themes
* Special Problems
* Great Photographers
* Photographing Children
* Documentary Photography

Toute la photographie (pratique/esthétique/applications modernes), 1 vol., éditions Larousse/Montel, Paris 1972

Lexique anglais-français de l'électronique au Québec. Cahier n° 22 de la Régie de la langue française, Québec 1974

Ouvrages généraux

Dictionnaire alphabétique et analogique de la Langue française en 6 volumes (et supplément), par Paul Robert, Paris 1970

Grand Larousse encyclopédique en 10 volumes (et supplément), Paris 1960-1968

Dictionnaire encyclopédique Quillet en 7 volumes (et supplément), Librairie artistique Quillet, Paris 1968-1971

Dictionnaire des mots nouveaux, par Pierre Gilbert, Hachette-Tchou, Paris 1971

Larousse moderne français-anglais/anglais-français, Librairie Larousse, Paris 1960

Harraps New Standard French & English Dictionary (2 vol.), Harrap London, 1972

The English Duden, pictorial Dictionary, Librairie Marcel Didier, Paris & Brussels 1962

Le Duden français, dictionnaire en images, Librairie Marcel Didier, Paris & Bruxelles 1962

Shorter Oxford English Dictionary, Oxford University Press, London 1962

Webster's New World Dictionary, College edition, Nelson, Foster & Scott Ltd., Toronto, 1968

The American Heritage Dictionary of the English Language, The American Heritage Publishing Co., New York 1969

Documents divers

Fiches du Comité d'étude des termes techniques français

Fiches du Comité de linguistique de Radio-Canada

Fiches du sous-Comité d'étude des termes techniques de Radio-Canada

Magazines, brochures, catalogs, advertising folders, articles (French and American) dealing with cameras, projectors, accessories, film, processing, medical and industrial X-rays, videotaping, microfilm, data processing, etc.

ACHEVÉ D'IMPRIMER SUR LES
PRESSES DES ATELIERS
MARQUIS DE MONTMAGNY
LE 22 DÉCEMBRE 1976 POUR
LES ÉDITIONS LEMÉAC INC.